HOLGER LUNDT
DIE ROSEN DER KLEOPATRA

W0076066

Holger Lundt

DIE ROSEN DER KLEOPATRA

Ein Spaziergang durch die Gärten
der Geschichte

Artemis & Winkler

Bibliografische Information der Deutschen Nationalbibliothek

Die Deutsche Nationalbibliothek verzeichnet diese Publikation
in der Deutschen Nationalbibliografie;
detaillierte bibliografische Daten sind im Internet über
http://dnb.d-nb.de abrufbar.

© 2008 Patmos Verlag GmbH & Co. KG
Artemis & Winkler Verlag, Düsseldorf
Alle Rechte vorbehalten.
Printed in Germany
ISBN 978-3-538-07266-4
www.artemisundwinkler.de

INHALT

EINFÜHRUNG

Den blut'gen Lorbeer
geb ich hin
mit Freuden
für das erste Veilchen,
das der März uns bringt!
FRIEDRICH SCHILLER

Was hatten Napoleon und Churchill gemeinsam? Sie erklärten das Veilchen zu ihrer Lieblingsblume! Als erfolgreiche Staatsmänner besaßen sie zweifellos den »blut'gen Lorbeer«, wie Schiller sich ausdrückte. Dennoch schwärmten sie für das eher unscheinbar, bescheidene Veilchen – eine Leidenschaft, die sie mit Platon, Rousseau, Goethe und Schiller teilten. Welch ein Zauber geht von dieser kleinen Blume aus, dass sich große Machtmenschen für sie begeistern!

Das vorliegende Buch beschreibt die besondere Beziehung großer Persönlichkeiten der Weltgeschichte zu Zier- und Nutzpflanzen. Haben diese sogar Einfluss auf den Lauf der Geschichte genommen?

Zweifellos. Die Domestizierung der Wildpflanzen bildete die Grundlage für eine sich entwickelnde Landwirtschaft, was dazu führte, dass arbeitsteilige Gesellschaften entstehen konnten. Der Überschuss an Getreide und anderen Nutzpflanzen erlaubte es, Handwerker, Armeen und Beamte eines Staates zu ernähren und auf vielen Feldern revolutionäre Technologien zu entwickeln.

Pflanzen besitzen die auf unserem Planeten einmalige Fähigkeit, aus Sonnenlicht, Wasser und Kohlendioxid organische Substanz aufzubauen. Sie stellen damit die Basis der Nahrungspyramide dar und die Grundlage jedes höher entwickelten Lebens. Menschen hängen ebenso von Nutzpflanzen ab wie ihre Haustiere. Die Natur hat es mittels einer raffinierten Evolutionsstrategie geschafft, den Menschen für die Verbreitung botanischer Gene »auszunutzen« und ihm als Gegenleistung eine Nahrungsbasis bereitgestellt – somit hat der Begriff »Nutzpflanze« eine doppelte Bedeutung.

Nahrungsmittel stellen auch einen Machtfaktor dar; dies wird deutlich, wenn man beispielsweise an die Rolle des Weizens für die politische Stabilität im Römischen Reich denkt. Die auf den ägyptischen Feldern erwirtschaftete Exportware verlieh Kleopatra – über ihre persönlichen Reize hinaus – eine besondere Attraktivität, von der Cäsar und Marcus Antonius gleichermaßen angezogen wurden.

Vermutlich seit Beginn der Menschheitsgeschichte nutzten unsere Vorfahren die vielfältigen Heilkräfte der Pflanzen. Gerade in unseren Tagen erleben wir eine erstaunliche Rückbesinnung auf dieses Gut. Doch in der Antike hat das Streben, in den Besitz von Heilpflanzen zu gelangen, sogar die Eroberungsstrategien großer Herrscher beeinflusst. Beispielsweise ließ Alexander der Große, beraten von Aristoteles, eine ferne Insel erobern, um in Besitz der heilkräftigen Aloe zu gelangen.

Ganz abgesehen von der existenziellen Bedeutung der Pflanzen für die Ernährung und Gesundheit, begeisterte die Menschen wohl schon immer die Schönheit und Sinnlichkeit der Blumen. Seit der Antike wird die Rose als Symbol für Liebe, Schönheit und Vollkommenheit verehrt. Mit Rosenduft verband man Sinnlichkeit und Erotik. Wundert es da, dass Kleopatra Marcus Antonius in einem Rausch von Rosenblüten verführte? Wir, die reizüberfluteten Menschen des 21. Jahrhunderts, können das Ausmaß dieses sinnlichen Phänomens nur erahnen. Der französische Philologe und Historiker Paul Faure beschreibt in seinem Buch »Magie der Düfte«, wie gezielt pflanzliche Duftessenzen und Räucherwerk in der Antike verwendet wurden. So wurden schon damals ganze Schiffsladungen von Rosen von Ägypten nach Rom gebracht, um die starke Nachfrage der rosenversessenen römischen Aristokraten zu befriedigen. In ähnlicher Weise wurde mit Olibanum (Weihrauch), einem Baumharz aus dem arabischen Raum, ein reger und äußerst lukrativer Handel betrieben, wodurch viele Handelsstädte und die Stützpunkte der Karawanenstraßen ihren Wohlstand erwarben.

Eine besondere Macht entfalteten die Orakel-Pflanzen. Die Weissagungen der von Lorbeer-Duft berauschten Pythia in Delphi beeinflussten den Lauf der Geschichte.

Wobei geschickte Orakel-Priester nachweislich die Richtung politischer Ambitionen steuerten.

Nicht als Orakel-Pflanze, wohl aber als ein Fingerzeig Gottes muss die Iris gelten, die im 5. Jahrhundert n. Chr. dem Frankenkönig Chlodwig I. den rechten Weg aus einer scheinbar aussichtslosen militärischen Situation wies.

Zurück zum Veilchen: Von seiner ersten Begegnung mit Joséphine bis zum Tod auf St. Helena begleitete diese kleine wohlriechende Blume den größten Feldherrn seiner Zeit. Deshalb könnte die eingangs zitierte Hymne Schillers auch von Napoleon stammen.

In einem Streifzug durch 2000 Jahre werden im vorliegenden Buch diese und andere Pflanzen-Geschichten erzählt, und es wird deutlich, über welch geheimnisvolle Macht Zier- und Nutzpflanzen verfügen.

Alexander der Große
ALEXANDER UND DIE VERGESSENEN INSELN DES GLÜCKS
Aloe und Drachenblutbaum

Alexander der Große

ALEXANDER DER GROSSE (356–323 V. CHR.)

Kein anderer Herrscher der Antike hat in so kurzer Zeit ein Weltreich erobert wie Alexander der Große. Der Sohn des makedonischen Königs Philipp II. und seiner Frau Olympia wurde von keinem Geringeren als Aristoteles erzogen, der in ihm besonders das Interesse an Philosophie, Naturwissenschaften und Medizin weckte und später als sein Berater fungierte.

Als 336 v. Chr. Philipp II. ermordet wurde, beseitigte Alexander alle Konkurrenten und wurde zum makedonischen Thronfolger. Nach der militärischen Absicherung seiner Herrschaft in Makedonien übernahm er schnell als Hegemon die Führung des Korinthischen Bundes und festigte seine Stellung in Griechenland. Schon zwei Jahre später schlug er das zahlenmäßig weit überlegene Heer des Perserkönigs Dareios I. vernichtend in der berühmten Schlacht bei Issos (333 v. Chr.). Danach drang sein Heer von Kleinasien aus entlang der Ostküste des Mittelmeers bis nach Ägypten vor, das sich Alexander kampflos unterwarf. In einer Serie großer Schlachten eroberte er Babylon, danach die persische Hauptstadt Persepolis und bis 327 v. Chr. das gesamte persische Reich. Anschließend führte er seine Truppen noch weiter in den Osten bis nach Indien und überquerte den Indus. Schließlich zwang ihn eine Meuterei seiner völlig erschöpften Soldaten zum Rückzug.

Nach seinen militärischen Erfolgen versuchte Alexander die persische und griechische Kultur zu verschmelzen, wobei er durchaus pragmatisch vorging und Ehen zwischen seinen Soldaten und persischen Frauen initiierte, etwa bei der Massenhochzeit von Susa im Jahr 324 v. Chr. Alexander gründete zahlreiche griechische Städte in Asien und Afrika – viele wurden nach ihm benannt –, allen voran Alexandria in Ägypten. Im Alter von dreiunddreißig Jahren starb Alexander 323 v. Chr. in Babylon, während er eine Flotten-Expedition um die arabische Halbinsel plante.

ALEXANDER UND DIE VERGESSENEN INSELN DES GLÜCKS

Alexanders Ruhm als Feldherr und Eroberer ließ seine Verdienste um die Wissenschaft in den Hintergrund rücken. Dabei war er es, der Aristoteles aufforderte, das naturkundliche Wissen seiner Zeit zusammenzufassen. Dieses Werk bildet den frühesten Grundstein für die Systematik der Biologie. Umgekehrt beeinflussten die profunden Kenntnisse des Philosophen stark die Pläne Alexanders. So konnte Aristoteles den König davon überzeugen, einen Stab von Gelehrten auf seinem großen Feldzug durch Persien nach Indien mitzunehmen; sie sollten entlang der gesamten Route alle neuen Tier- und Pflanzenarten systematisch dokumentieren. Die so entstandene umfangreiche naturkundliche Reisedokumentation wurde nach der Gründung seines Weltreichs und nach der Rückkehr aus Indien in Alexanders Reichsarchiv in Babylon hinterlegt. Der griechische Historiker Strabo berichtet etwa dreihundert Jahre später von der Existenz dieser Dokumente, und auch Theophrast, ein Schüler des Aristoteles, hat Teile davon, die ihm möglicherweise als Abschrift vorlagen, in seinem Werk »Pflanzen-Geographie« verwendet. Das Original in Babylon, welches belegen könnte, dass Alexanders Eroberungszug wohl auch die erste groß angelegte naturkundliche Expedition der Weltgeschichte war, ist leider unwiederbringlich verloren gegangen.

Aus den bekannten Fragmenten kann man schließen, dass die Griechen besonders von den Bäumen an den Südhängen des Himalaya und im Indus-Tal beeindruckt waren. Aus den Stämmen der großen Himalaya-Tannen (Abies spectabilis) ließ Alexanders Begleiter Nearchos der Seefahrer die Flotte fertigen, mit der ein Teil der griechischen Soldaten den Indus flussabwärts und dann entlang der Küste zurück nach Mesopotamien segelte. Faszinierend wirkten die bis zu 40 Meter hohen indischen Feigenbäume (Ficus benghalensis). Der Primärstamm dieser ausladenden großen Bäume kann einen Umfang von 14 Meter erreichen, und die Luftwurzeln alter Exemplare (bis zu 1000) lassen sie wie einen ganzen Säulenwald erscheinen. Diese Luftwurzeln stützen die Äste des Baumes so ab, dass sich eine mächtige Krone ausbilden kann, die bei einzelnen Riesen einen Umfang von 400 Meter besitzt.

Weitere besonders erwähnte, beeindruckende Arten waren die indo-persischen Mangroven (Avicennia officinalis), die den Griechen am Delta des Indus begegneten, und der Baumwollstrauch (Gossypium arboreum). Der griechische Historiker Arrianos berichtet über Nearchos den Seefahrer und seine Beschreibung der Baumwolle:

»Die Inder tragen Kleidung, die aus einem Flachs gemacht wurde, wie Nearchos sagt, Flachs von Bäumen, von denen ich schon gesprochen habe; und ihr Flachs ist entweder noch leuchtender weiß als jeder andere Flachs, oder diese Menschen, die selbst schwarz sind, lassen diesen Stoff weißer erscheinen. Sie tragen einen daraus gemachten Chiton, der bis zu ihren Knien reicht ...«

Darüber hinaus war Alexander der erste Europäer, der Bananen (Musa ssp.) und Zuckerrohr (Saccharum officinarum) in seinen Händen hielt. Es dauerte allerdings noch Jahrhunderte, bis die beiden für uns heute so wichtigen Pflanzen über arabische Seefahrer und Händler ihren Weg nach Europa fanden (mehr zur Kulturgeschichte des Zuckerrohrs im Kapitel über Isabella von Kastilien).

Nach einem Bericht des in Bagdad geborenen arabischen Historikers und Geographen Al-Mas'udi (895–957 n. Chr.) konnte Aristoteles Alexander um das Jahr 330 v. Chr. überzeugen, die Insel Sokotra (siehe Karte S. 26), die südöstlich der Arabischen Halbinsel vor dem Horn von Afrika liegt, als griechische Kolonie zu besiedeln. Es bleibt unklar, ob es sich wirklich um eine Besiedelung oder lediglich um einen Handelsposten handelte, da archäologische Beweise auf der in dieser Hinsicht unerforschten Insel fehlen.

Sokotra im Indischen Ozean war zweifellos der entlegenste Außenposten des griechischen Imperiums. Ein wesentliches Motiv für die Besiedelung stellte neben der strategischen Lage auf dem Seeweg nach Indien die besondere Bedeutung seiner Pflanzenwelt für Handel und Medizin dar. Nach dem Bericht Al-Mas'udis kamen die griechischen Siedler, die aus Stageira, der Heimatstadt des Aristoteles, stammten, in Schiffen über das Rote Meer. Sie konnten nach ihrer langen Reise angeblich die indischen Siedler, die kurz vor ihnen angekommen waren, zurückdrängen und Sokotra erobern.

Die Inder gaben der Hauptinsel den Namen Dvipa Sukhadhara, diese Worte aus dem Sanskrit bedeuten »Insel des Glücks«. Die Griechen nannten sie Dioskordia nach den Dioskuren Kastor und Polydeukes, die von den griechischen Seefahrern verehrt wurden, da sie Macht über Wind und Wellen ausüben und deshalb die Schutzgötter der Seeleute waren. Der wahrscheinlichste Ursprung des heutigen Namens liegt wohl in den arabischen Wörtern »Suq«, also Markt, und »qutra«, was Tropfen bedeutet: ein Hinweis auf die Vermarktung der erstarrten Tropfen der begehrten Baumharze des Weihrauchbaums und des Drachenblutbaums, wovon noch die Rede sein wird.

Offensichtlich kannten Aristoteles und Alexander die botanischen Schätze Sokotras. Von den mehr als 900 Pflanzenarten dieser entlegenen Insel sind nicht weniger als 293 endemisch, also ausschließlich dort vorkommend. Dazu gibt es zahlreiche endemische Vogel-, Reptilien- und Insektenarten, so dass Sokotra unter Biologen den Ruf eines »arabischen Galapagos« besitzt. In der Tat sind die Parallelen zu den Galapagos-Inseln verblüffend. Sokotra war die Heimat großer Landschildkröten und Eidechsen, sogar Krokodile lebten in den Flussläufen der Wadis, die dank der Niederschläge in den Bergen teilweise ganzjährig Wasser führen. Diese Tierarten sind jedoch durch Seeleute ausgerottet worden, die sie intensiv jagten, um ihre Schiffe mit Proviant zu versorgen. Vermutlich wegen der großen Eidechsen wurde Sokotra auch »Drachen-Insel« genannt.

Schon in der Antike war Sokotra für eine besondere, endemische Art der Aloe bekannt (Aloe perryi). Als Mittel zur Wundheilung wurde der Saft dieser Aloe überaus geschätzt. Alexander der Große soll auf seinen Feldzügen eingetopfte Aloe auf Wagen mit sich geführt haben, um den frischen Saft der Pflanzen bei der Behandlung verwundeter Soldaten zu verwenden. Auf Sokotra wurde Aloe schon damals auf ausgedehnten Plantagen als Nutzpflanze angebaut. Im Westteil der Insel wird diese Aloe noch heute geerntet und ihr Saft eingedickt; als Blutungen stillendes Heilmittel und als Abführmittel verkauft man es nach Ägypten und in andere arabische Länder.

Als Kosmetikartikel verwendeten schon Nofretete und Kleopatra Aloe-Blätter, da man glaubte, dass die Pflanze jugendliches Aussehen und ein langes Leben schenke. Aus ähnlichen Gründen balsamierten die Ägypter ihre Toten vor der Jenseitsreise mit Aloe und Myrrhe ein. Die Bibel berichtet, dass der Leichnam Jesu mit einer »Mischung aus Myrrhe und Aloe, etwa hundert Pfund« behandelt wurde (Johannes 19,39). Schon im Alten Testament werden im Hohen Lied Salomons Myrrhe und Aloe als »allerbester Balsam« gepriesen (Hohes Lied 4,14). Von Ägypten gelangte Aloe nach Griechenland. Dort empfahl der berühmte Arzt Hippokrates (460–375 v. Chr.) die Heilkraft dieser Pflanze. Später dokumentierte Dioskurides im ersten Jahrhundert n. Chr. die vielfältige Verwendung der Aloe in seinem Werk »De Materia Medica«.

Um das Jahr 50 n. Chr. begab sich der Apostel Thomas auf den Weg nach Indien, um dort seine christliche Missionierung zu beginnen. Thomas reiste in Begleitung eines Kaufmanns, der im Dienst des indischen Königs Gundaphar stand und mit den Römern Handel trieb. Sein Schiff ankerte bei einem Zwischenstopp vor Sokotra, und Thomas machte dort eine wichtige Entdeckung, nämlich Aloe. Man nimmt an, dass er es war, der diese Heilpflanze nach Indien brachte. Es wird sogar vermutet, dass seine legendären Heilerfolge in Indien auf die Nutzung von Aloe zurückzuführen sind.

Auf Sokotra wurde neben Aloe auch das Harz der dort endemischen Weihrauchbäume (Boswellia elongata und sechs weitere Arten), Myrrhenbäume (Commiphora ornifolia) und nicht zuletzt der legendären Drachenblutbäume (Dracaena cinnebari) von Bäumen geerntet, die anscheinend in der Antike auch gezielt in abgegrenzten Gebieten gepflanzt wurden. Der Sage nach entstand der Drachenblutbaum nach dem Kampf eines großen Drachen mit einem Elefanten. Beide trugen schwere, heftig blutende Wunden davon, doch schließlich siegte der Drache. Aus dem vermischten Blut am Boden des Kampfplatzes wuchs der erste Drachenblutbaum. In der christlichen Mythologie heißt es, nachdem Kain seinen Bruder Abel ermordet habe, sei aus dessen Grab ein Drachenblutbaum gewachsen. Aus der Rinde quelle seitdem das Blut Abels hervor. In der Tat verleiht das zinnoberrote Harz diesem Baum eine besondere Bedeutung. Es ist seit der Antike als Wundheilmittel begehrt, als Ingredienz für besondere Parfüms und als Farbstoff. In der Neuzeit ist der Drachenblutbaum erst 1880 von dem englischen Botaniker Isaac Bayley während einer botanischen Expedition auf Sokotra wieder entdeckt worden.

Die Wege der Evolution sind manchmal sonderbar. Der sehr ähnlich aussehende, engste Verwandte des Drachenblutbaums wächst einige Tausend Kilometer weiter im Westen, als endemische Art auf abgelegenen Inseln: Der Drachenbaum (Dracaena draco) der Kanarischen Inseln. Auch um diesen Baum rankt sich ein bemerkenswerter Mythos. Herakles sollte als elfte Aufgabe die goldenen Äpfel der Hesperiden stehlen. Diese Unsterblichkeit verleihenden Äpfel hatte die Erdgöttin Gaia Zeus und Hera zur Hochzeit geschenkt. Der Baum stand der Sage nach in einem Garten am westlichen Rand der Welt, jenseits des Atlasgebirges. Dort wurde er von drei Nymphen, den Hesperiden, gepflegt und vom Drachen Ladon bewacht. Herakles konnte Atlas, der sonst das Himmelsgewölbe tragen musste, überreden, die Äpfel für ihn zu holen, nachdem er zuvor den Drachen Ladon mit einem Pfeilschuss erlegt hatte. Aus dem Blut des Drachen wuchs dann der Drachenbaum.

Aloe und die begehrten Baumharze haben Sokotra zweifellos zu einem bedeutenden Handelsplatz gemacht, hinzu kam die günstige Lage auf dem Seeweg zwischen Ägypten und Indien. Über das gesellschaftliche Leben auf der Insel zu dieser Zeit ist wenig bekannt. Soviel man weiß, lebten Menschen aus Indien, Arabien und Griechenland friedlich nebeneinander in einer prosperierenden multikulturellen Gesellschaft. Ab dem 4. Jahrhundert n. Chr. ging die Nachfrage bezüglich dieser typischen Güter Sokotras zurück, oder es wurden andere Quellen entdeckt. So gerieten die »Inseln des Glücks« in den folgenden Jahrhunderten immer mehr in Vergessenheit. Erst vor wenigen Jahren wurde die Tropeninsel »neu entdeckt«, und einige wenige Touristen bestaunen heute wieder die einzigartige Pflanzenwelt.

Erwähnenswert in diesem Zusammenhang ist die Spekulation über den Bericht des griechischen Philosophen Euhemeros (340–260 v. Chr.), der in seinen »Heiligen Aufzeichnungen«, einem philosophisch-utopischen Reiseroman, der auf archaischen Inschriften basiert, eine Insel Panchea erwähnt. Diese Insel, von der manche meinen, es handele sich um Sokotra, war nach seiner Darstellung ein Königreich der Gleichheit, das kein Privateigentum kannte. Euhemeros sammelte die Informationen zu seinem Bericht auf einer Reise entlang der Küste Arabiens, die er im Auftrag seines Mäzens König Kassander von Makedonien unternahm. Auf der Insel Panchea entdeckte er dabei angeblich die Inschriften auf einer goldenen Säule in einem Tempel. War Sokotra Panchea mit seinem Staat Utopia?

DIE PFLANZEN

Aloe gehört zur Familie der Liliengewächse (Liliaceae), was bei dem kakteenartigen Aussehen dieser Wüstenpflanze wenige vermuten. Es sind weltweit mehr als 300 Arten bekannt, die in den tropischen und subtropischen Gebieten auf Wüstenböden gedeihen. Zu den bekanntesten Arten zählen Aloe vera, Aloe perryi Baker, Aloe arborescens und Aloe saponaria, die alle über spezielle Heilwirkungen verfügen. Das natürliche Verbreitungsgebiet der Aloe ist Arabien, Afrika, der Mittelmeerraum, Mittel- und Südamerika und der Süden der USA.

Die Aloe ist eine ausgesprochene Wüstenpflanze, die in ihren dickfleischigen Blättern Wasser speichert (Sukkulente) und daher lange Trockenperioden überdauern kann. Die graugrünen, fleischigen Blätter werden bis zu 1 Meter lang, haben am Rand Stacheln und bilden eine Rosette. Im Frühjahr treibt aus dem Zentrum ein etwa 1 Meter hoher Stamm mit verzweigten Blütenständen, die leuchtend gelb gefärbt sind. Später bildet die reife Frucht eine dreifächerige Kapsel, die, wenn sie sich öffnet, die Samen in alle Richtungen freisetzt.

Wegen ihrer enormen Bedeutung für die Kosmetikindustrie und als Heilpflanze wird Aloe heute in zahlreichen Ländern Asiens, in Amerika, in Australien, aber auch in Spanien und Portugal auf großen Farmen, zum Teil auch in Gewächshäusern angebaut. Der Hauptwirkstoff der Aloe ist Acemannan, ein langkettiges Polysaccharid, das Wundheilung unterstützt und das Immunsystem stimuliert. Es schützt die Zellmembranen und ist antibakteriell, antiviral und antimykotisch wirksam.

Die Gattung der Drachenbäume (Dracaena) umfasst etwa 150 Arten. Die Pflanze gehört zur Familie der Mäusedorngewächse (Ruscaceae). Sie ist als natürliches Gewächs sehr weit verbreitet in den Tropen und Subtropen, wobei die meisten Arten ihre Heimat in den Tropen der Alten Welt haben.

Der bis zu 10 Meter hohe Drachenblutbaum (Dracaena cinnebari) hat eine sehr ungewöhnliche Statur. Auf einem streng aufrecht wachsenden, astlosen Stamm sitzt eine breite, flache und schirmförmige Blattkrone mit langen, ledrigen Blättern, so dass der Baum insgesamt einem Riesenpilz ähnelt. Auf den Berghängen Sokotras verleiht er der Landschaft einen nahezu surrealen Charakter.

Drachenblutbaum (Dracaena cinnebari)

217.

Aloe vera

QUELLEN

Gehrke, Hans-Joachim: Alexander der Große, München 2003

Mossé, Claude: Alexander der Große, Düsseldorf 2004

Pearson, Lionel: The Lost Histories of Alexander the Great, Reprint: Chico 1983

Beringer, Alice: Aloe Vera – Die Königin der Heilpflanzen, München 1997

Bretzl, Hugo: Botanische Forschungen des Alexanderzuges, Leipzig 1903

Christophe, Alain: Socotra the Lost Island, Venegono 2005

Delacour, Marie-Odile/Huleu, Jean-Rene: Suqutra, Eiland des Phönix, in: Merian, Heft 5, 1996

Doe, Brian: Socotra Island of Tranquility, London 1992

Elie, Serge D.: A Historical Genealogy of Socotra as an Object of Mythical Speculation, Scientific Research and Development Experiment, Yemen Update 44, Brighton 2002

Illies, Joachim: Noahs Arche – Wege zum biologischen System, Stuttgart 1969

Lundt, Holger: Im Garten der Nymphen, Düsseldorf 2006

Oppermann, Jutta/Krenz, Michaela: Aloe Vera, Bielefeld 2004

Priebe, Carsten: Gold und Weihrauch, Zürich 2002

Schoff, W. H.: The Periplus of the Erythraean Sea, London 1912

Socotra Conservation Fund (Hrsg.): The Birds and Plants of Socotra, Sana'a 2003

Sprengel, K.: Theophrast's Naturgeschichte der Gewächse, Altona 1822

Wranik, Wolfgang (Hrsg.): Sokotra, Wiesbaden 1999

Doe, Brian: Socotra Island of Tranquility, London 1992

Sahni, K. C.: The Book of Indian Trees, Oxford / New York 1998

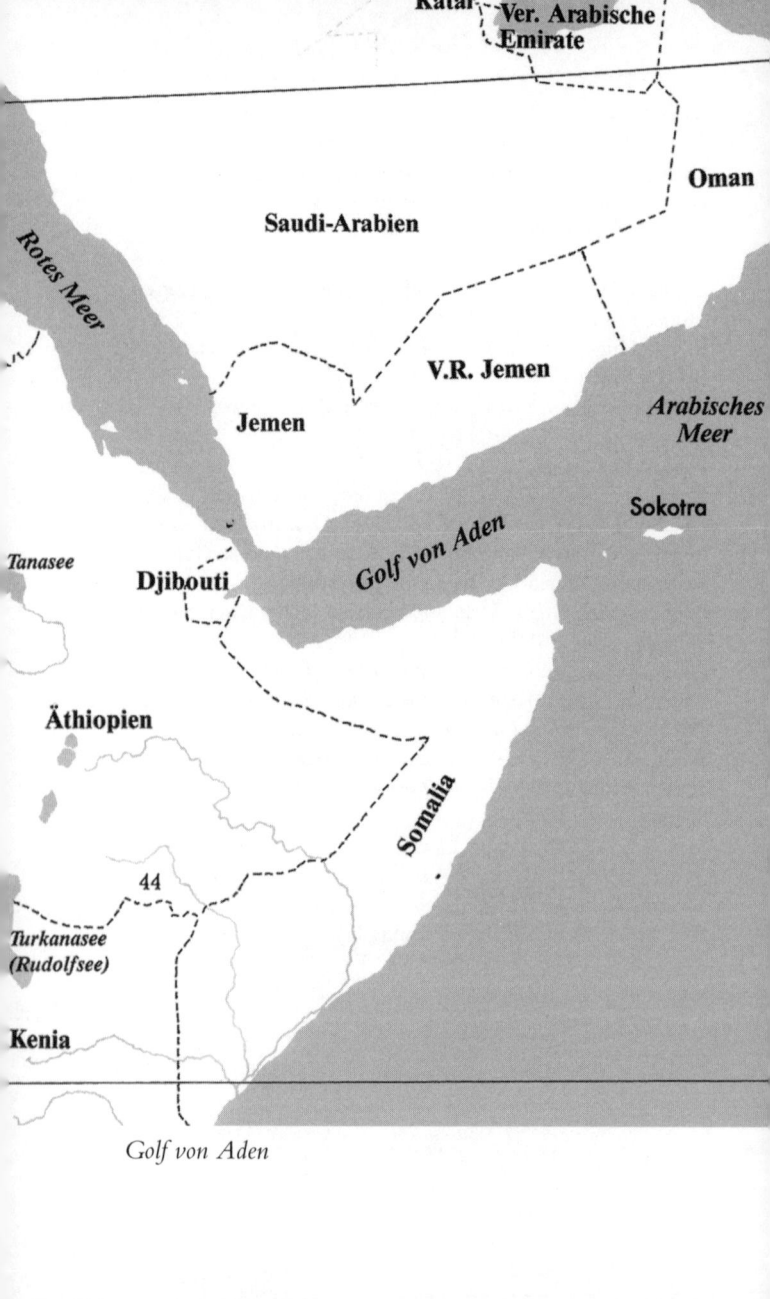

Kleopatra VII.
BROT UND ROSEN
Rose und Weizen

Kleopatra VII.

KLEOPATRA VII. (69–30 V. CHR.)

Seit Alexander dem Großen wurde Ägypten von griechisch-stämmigen Herrschern, den Ptolemäern, regiert. Die letzte Königin dieser Dynastie, Kleopatra, war eine überaus intelligente und gebildete Frau. Neben ihrer Muttersprache Griechisch beherrschte sie sieben weitere Fremdsprachen, und sie war die Erste während der dreihundert Jahre währenden Herrschaft der Ptolemäer, die auch Ägyptisch sprach. Zahllose Bücher beschreiben ihr skrupelloses Streben nach Macht und Herrschaft; dabei schreckte sie, wie schon andere Ptolemäer vor ihr, selbst vor Geschwistermord nicht zurück. Doch sie besaß noch eine ganz andere Seite: Sie pflegte den Dialog mit den bekanntesten Gelehrten ihrer Zeit und ließ in Alexandria die berühmteste Bibliothek der Antike zu einem Zentrum hellenistischer Forschung und Bildung ausbauen. Auf Anregung Kleopatras wurde in Ägypten eine neue Wissenschaft gegründet: die Chemie (im Arabischen wurde diese Wissenschaft später »al kemet«, die »ägyptische« genannt, vom koptischen Wort »Keme«, was »schwarze Erde« bedeutet, später wurde daraus »alchemia« und schließlich »Chemie«).

Nachdem Kleopatras Bruder Ptolemaios XIII. sie 49 v. Chr. vom Hof verjagt hatte, verbündete Kleopatra sich mit Cäsar. Der zog mit einer Armee nach Ägypten und gab ihr nach schweren, schließlich siegreichen Kämpfen die Herrschaft zurück. Als Geliebte Cäsars ging sie mit ihm nach Rom. Nach seiner Ermordung 44 v. Chr. musste sie jedoch vor ihren vielen Widersachern aus Rom fliehen und kehrte nach Alexandria zurück. Im Bürgerkrieg nach Cäsars Tod verhielt sie sich neutral, doch anschließend gelang es ihr, den siegreichen Marcus Antonius in ihren Bann zu schlagen, der der Herrscher über den östlichen Teil des römischen Reiches geworden war. Doch die Liebesbeziehung zwischen Marcus Antonius und Kleopatra, aus der die drei Kinder Alexander Helios, Kleopatra Selene und Ptolemaios Philadelphos hervorgingen, endete verhängnisvoll. Ihre gemeinsame Flotte wurde 31 v. Chr. von ihrem Widersacher Octavian, dem späteren Kaiser Augustus, in der Seeschlacht bei Aktium geschlagen. Beide setzten sich nach Ägypten ab, wo sie 30 v. Chr., erneut bedroht von Octavian, getrennt voneinander Selbstmord begingen, Marcus Antonius durch sein eigenes Schwert und Kleopatra durch eine Giftschlange.

DIE ROSEN DER KLEOPATRA

Wie war es möglich, dass Kleopatra die beiden mächtigsten Männer ihrer Zeit, Cäsar und Marcus Antonius, an sich binden konnte? War es ihre legendäre erotische Ausstrahlung oder die Raffinesse einer kühl kalkulierenden Herrscherin? Plutarch berichtet detailliert über die erste Begegnung Kleopatras mit Marcus Antonius. Dieses Gipfeltreffen fand in Tarsos statt, einer Stadt an der Südküste Kleinasiens. Kleopatra war sich offensichtlich bewusst, dass sie bei dieser Begegnung Marcus Antonius für sich gewinnen musste, um ihre Herrschaft zu sichern. Sie plante in Alexandria jedes Detail und brach dann mit einer Flotte von Schiffen auf. Ihre Ankunft in Tarsos war eine Sensation: Laut Plutarch hielt Marcus Antonius gerade Gerichtstag auf dem Marktplatz. Plötzlich sprach sich wie ein Lauffeuer herum, dass die Liebesgöttin Aphrodite auf einem goldenen Nachen den Fluss heraufgefahren komme, um sich zum Wohle Asiens mit Dionysos zu vereinigen. Das öffentliche Tribunal fand immer weniger Interesse, und alle Einwohner eilten zum Fluss, um das Spektakel zu beobachten. Schließlich stand Marcus Antonius allein auf dem Marktplatz; er wusste sicherlich, welche »Göttin« da nahte und musste sich als »Dionysos« geschmeichelt fühlen. Plutarch beschreibt die Szene:

»Auf einer Barke mit goldenem Heck, deren purpurfarbene Segel sich im Winde blähten, fuhr sie den Fluss Kydnos hinauf, während ihre Ruderer das Wasser mit silbernen Rudern streichelten, die zum Takt der Flöten, Pfeifen und Lauten in die Fluten tauchten. Kleopatra selbst lag unter einem Baldachin aus Goldbrokat als Aphrodite gekleidet, wie wir sie auf Gemälden bewundern können, und zu beiden Seiten vervollständigten als Cupidos gekleidete Knaben, die ihr Kühlung zufächelten, das Bild. Als Besatzung begleiteten sie die schönsten Mädchen ihres Hofstaates als Nereïden und Grazien; einige an den Rudern, andere an den Segeltauen. Betörender Wohlgeruch stieg aus zahlreichen

Weihrauch-Gefäßen auf und wehte vom Schiff zum Flussufer hinüber.«

Über den Eindruck, den die mit funkelndem Schmuck behangene Kleopatra in ihrem langen fließenden Gewand auf Marcus Antonius machte, berichtet Plutarch weiter:

»Vor allem verließ sie sich auf die Wirkung ihrer persönlichen Gegenwart und den Zauber, den ihre Körperlichkeit ausstrahlen konnte.«

Obwohl Marcus Antonius Kleopatra zu sich befohlen hatte, übernahm diese gleich nach ihrer Ankunft die Regie über die Geschehnisse und lud ihn zu sich ein. Sie veranstaltete am ersten Tag ein königliches Gastmahl für ihn und seine führenden Offiziere. Die Männer waren überwältigt von dem prunkvollen Gelage; jeder durfte anschließend das goldene Tafelgeschirr, von dem er gespeist hatte, und wertvolle Teppiche als Geschenk mitnehmen. Am zweiten und dritten Tag steigerte sie den Aufwand, und jedes Mal gab es wertvollere Geschenke, bis hin zu Pferden mit silbernem Zaumzeug für die Offiziere. Doch der absolute Höhepunkt war der vierte Tag. Der griechische Historiker Sokrates von Rhodos beschreibt die Szene:

»Am vierten Tag ließ sie eine Geldsumme in Höhe eines Talents zum Kauf von Rosen verteilen. Der Fußboden der Bankettsäle wurde eine Elle hoch mit den Blüten bestreut, und ein Netz von Girlanden bedeckte das Ganze.«

In anderen Überlieferungen heißt es, das Schlafgemach Kleopatras sei von Rosen überflutet gewesen, als sie Marcus Antonius bei sich empfing.

Offensichtlich wusste Kleopatra, wie sehr die Römer auf Rosen versessen waren. Verschwenderischer Umgang mit diesen Blumen war in Rom zu dieser Zeit der Inbegriff von Luxus. Gäste wurden bei Festgelagen mit Rosenwasser besprüht, Sitzkissen und Bettdecken mit Rosenblütenblättern gefüllt, aus kaiserlichen Springbrunnen floss Rosenwasser, und die Blüten wurden bei den Banketten verstreut. In den Amphitheatern wurden die nobelsten Plätze mit Sonnenbaldachinen versehen, die mit stark duftendem Rosenparfüm getränkt waren. Wir können nur annähernd ahnen, mit welch verschwenderischer Blütenpracht rauschende Feste gefeiert wurden. Nero ließ bei einigen seiner Orgien Rosenblüten von den Decken regnen. Den Gipfel der Exzesse bildete das Krönungsfest des Kaisers Elagabal, als beim Bankett einige Gäste unter einer von oben herabfallenden Flut von Rosenblüten erstickten. Es gehörte damals zum guten Ton, dass bei Gastmählern die Anwesenden mit Blumenkränzen, insbesondere aus Rosen, geschmückt waren. Cicero verwendet die Redewendung »potare in rosa«, »inmitten von Rosenschmuck trinken«. Bei Martial heißt es »cum rosa regnat«, »wenn die Rose regiert«, und dies war eine Umschreibung für eine Zusammenkunft unter Freunden bzw. für ein sich anschließendes Trinkgelage. Dabei symbolisierte die Rose auch Vertraulichkeit und Verschwiegenheit.

Der Bedarf an Rosen in den römischen Städten war enorm. Varro empfahl den Landgütern in Stadtnähe Rosen- und Veilchenproduktion im großen Stil. Der Agrarschriftsteller Columella schwärmte, es lohne sich für den Bauern, »mit hartem Daumen die weichen Blumen zu pflücken«. Nach dem Verkauf seiner Ware werde »der Marktbeschicker nach kräftigem Weingenuss mit schwankendem Schritt eine schwere Last von Münzen im Gewandbausch nach Hause bringen...«

Die Nachfrage nach Blumen ging sogar so weit, dass die wohlhabenden Römer auch im Winter nicht auf die geliebten Rosen verzichten wollten und schließlich ganze Schiffsladungen aus Ägypten importierten. Leider ist unbekannt, wie die Blumen während des Transports konserviert wurden oder ob es sich um parfümierte getrocknete Rosenblütenblätter handelte. Kleopatra kannte also schon aufgrund dieser Handelsbeziehungen die ganz besonderen Schwächen der Römer. Allerdings wurden durch diese Importe auch Kritiker provoziert: Seneca sprach von einem »perversen« Wunsch und warf denen ein »naturwidriges Leben« vor, »die im Winter Rosen haben wollen«. Horaz wetterte, dass fruchtbare Ackerböden für ihren Anbau und den der Veilchen vergeudet würden. Andere forderten: »Schickt uns Getreide statt Rosen.« Tatsächlich wurden unter Kaiser Augustus die Rosen-Importe reduziert, allerdings nicht aufgrund einer verringerten Nachfrage. Erfinderischen römischen Bauern gelang es schon im 1. Jahrhundert, Rosen unter Treibhausbedingungen hinter Glas zu ziehen; im Winter wurden sie mit warmem Wasser versorgt, um sie noch schneller zum Austreiben zu bringen. Diese frühen Rosenzüchter erweiterten dabei ihr Wissen über den Anbau. Von der ursprünglichen Vermehrung aus Samen ging man zur Stecklingsvermehrung über und begann darüber hinaus mit Versuchen zur Veredelung durch Aufpfropfen.

Der übertriebene Rosen-Luxus hatte jedoch Folgen. Aus dem Symbol für Schönheit und Liebe wurde das der Schwelgerei, des Lasters, der Weichheit und der Verachtung. Besonders die frühen Christen sahen im Rosen-Kult ein Zeichen für Dekadenz, Sündhaftigkeit und Perversion, daher verurteilten sie ihn als »heidnische« Sitte. Allerdings hat der Charme der Rose diese Verschmähung im Laufe der Jahrhunderte auf ihre verzaubernde Weise wieder überwunden.

Für die Machtmenschen Cäsar und Marcus Antonius war die Rosenbegeisterung letztlich doch eher eine Nebensache. Beide wussten nämlich, dass Kleopatra über große Mengen eines pflanzlichen Gutes verfügte, das für die Macht im römischen Reich von ganz besonderer Bedeutung war: Weizen! Ägypten war die wichtigste Kornkammer Roms, denn ein Drittel des Weizenverbrauchs in Rom und ganz Italien wurde mit Importen aus Ägypten gedeckt. Rom war hochgradig von Getreideimporten abhängig, da sich die Landwirtschaft in Italien selbst, bedingt durch den Fleischkonsum der herrschenden Oberschicht, auf Viehzucht konzentrierte. Der lebenswichtige Weizen kam aus peripheren Gebieten des römischen Reichs, etwa aus Spanien, Nordafrika (Tunis und Algier) und eben aus Ägypten, das der wichtigste Lieferant war. Mit »Brot und Spielen« wurde das Volk in Rom beherrscht. Konsequenterweise hat Augustus nach dem Sieg über Marcus Antonius und Kleopatras Tod keinen neuen Thronfolger über Ägypten eingesetzt, das kornreiche Land am Nil wollte er direkt beherrschen. Der Besuch der römischen Provinz Ägypten wurde streng reglementiert, niemand sollte sich in die Weizengeschäfte des Augustus einmischen.

Wie sehr der Weizen und das aus ihm gebackene Brot die Politik beeinflussten, kann auch daraus abgelesen werden, dass in der Zeit nach Augustus die römischen Bäcker zu Staatsbeamten ernannt wurden. Das Heer der städtischen Arbeitslosen, die »plebs frumentaria«, musste umsonst mit Getreide versorgt werden, und dies wurde in zunehmendem Maße ein politisches Problem. Im Jahr 72 v. Chr. hatte die Zahl dieser auf Spenden angewiesenen Kornempfänger schon 40 000 Personen betragen. Zu Zeiten Cäsars stieg sie auf 200 000 an, was zu weiteren Steigerungen der Weizenimporte führte. Kein römischer Kaiser konnte es sich leisten, diese Getreidegaben wieder abzuschaffen. Unter Kaiser Aurelianus (270–275 n. Chr.) wurde dann statt Korn sogar Brot kostenlos verteilt. Damit dieses System funktionieren konnte, musste der Weizenanbau in den Provinzen erheblich gesteigert werden. Da der größte Teil der Ernte nach Rom verschifft wurde, litten dort vielerorts die Menschen Hunger.

Die Intensivierung des Weizenanbaus in Nordafrika hatte erhebliche ökologische Konsequenzen. In zunehmendem Maße wurden Wälder abgeholzt und Hanglagen bewirtschaftet. Dies führte zu einer immer stärker werdenden Bodenerosion und Verkarstung – wie an vielen anderen Stellen des Mittelmeerraums.

Die im Zuge der Völkerwanderung im 5. Jahrhundert über Spanien bis nach Nordafrika vordringenden Vandalen verschärften noch diese Situation. Sie besaßen keine Erfahrung im Getreideanbau und bevorzugten Viehwirtschaft. Die Überweidung abgeholzter Flächen führte zu weiterer Erosion. Diese Entwicklung begünstigte von Süden her das Vordringen der Wüste, eine ökologische Katastrophe, von der sich Nordafrika bis heute nicht erholt hat.

Auch wenn der Untergang des römischen Reichs sicherlich vielfältige Ursachen hatte, spielte die katastrophale Landwirtschaftspolitik sicherlich eine besonders große Rolle. Mit Weizen wuchs Rom, und mit seinem Mangel ging es unter.

DIE PFLANZEN

Die Rose gehört zur Familie der Rosengewächse (Rosaceae). Weltweit kennt man etwa 120 Arten von Wildrosen, davon sind in Europa etwa 25 heimisch. Man vermutet, dass die für die Kultivierung und Züchtung verwendeten Arten ursprünglich ihr Verbreitungsgebiet in Zentralasien und im Kaukasus hatten. Dabei handelte es sich im Wesentlichen um folgende Arten: Rosa moschata, Rosa gallica, Rosa phoenicea und Rosa canina. Durch Kreuzung untereinander entstanden die berühmte Damascener-Rose (Rosa damascena) und die zweimal blühende Damascener-Rose (Rosa damascena bifera). Weitere Kreuzungen führten zur Rosa alba, die dann gekreuzt mit der Damascener-Rose die oft beschriebene Rosa centifolia (die »Hundertblättrige«) hervorbrachte.

Gallica-Rosen sind bis zu 1,5 Meter hohe Sträucher. Charakteristisch sind drüsige Stachelborsten an ihren Trieben. Ihre Blätter sind eiförmig, doppelt fein gezähnt, dunkelgrün und an der Unterseite behaart. Die Farbe der Blüten variiert von blassrosa bis dunkelpurpurrot. Es sind anspruchslose, winterharte Rosen.

Die Damascener-Rosen erreichen als kräftige Sträucher bis zu 2,5 Meter Höhe. Ihre Zweige sind bogenförmig überhängend und mit Stacheln besetzt. Die Blätter sind eiförmig, graugrün und an der Oberfläche samtig behaart. Die Blütenfarbe reicht von leuchtend weiß bis zartrosa. Besonders bemerkenswert ist ihr intensiver Duft. Zur Herstellung von Rosenöl werden bevorzugt Damascener-Rosen benutzt.

Alba-Rosen werden bis zu 2,5 Meter hoch. Ihre Zweige tragen nur wenige Stacheln. Die Blätter sind elliptisch, doppelt gesägt und bläulich-grün. Die Blütenfarbe der Alba-Rosen ist typischerweise weiß, bei einzelnen Sorten jedoch auch rosa.

Die Centifolien erreichen eine Höhe von 2 Metern. Die Triebe tragen verschieden geformte Stacheln. Die großen Blätter sind grob gesägt mit Drüsenhärchen auf der Blattunterseite. Charakteristisch für die Centifolien sind die sehr dicht gefüllten Blüten mit Farben von weiß bis dunkelrot und mit einem starken süßlichen Duft.

Die vier antiken Rosen Gallica, Damascener, Alba und Centifolia sind die Vorfahren aller modernen Rosen. Erst durch Einkreuzung von Wildrosen aus China entstand ab Ende des 18. Jahrhunderts eine weitaus größere Rosenvielfalt.

Die frühen Hochburgen der Kultur-Rosen befanden sich in Persien und Mesopotamien. In der Zeit nach Alexander dem Großen kamen sie auch nach

Kleinasien, Griechenland und Ägypten und erreichten schließlich auch Rom.

Die Gattung Weizen (Triticum ssp.) gehört zur Familie der Süßgräser (Poaceae) und umfasst eine Reihe Getreidearten, die für die Welternährung eine große Rolle spielen. Zu den wichtigsten Weizenarten zählen der Weichweizen (Triticum aestivum), die heute verbreitetste Weizenart für Brot und andere Backwaren; der Dinkel (Triticum aestivum subsp. spelta) wird als spezielles Brotgetreide nur noch begrenzt angebaut; der Emmer (Triticum dicoccum), eine historisch bedeutende Weizenart, spielt heute wirtschaftlich keine Rolle mehr; für die Herstellung von Teigwaren (Nudeln) wird der Hartweizen (Triticum durum) verwendet; und das Einkorn (Triticum monococcum), die älteste Weizenart, ist heute nur noch als Wildform zu finden.

Die einjährigen Pflanzen werden etwa 0,5 bis 1,2 Meter hoch. Charakteristisch ist, wie bei allen Gräsern, der einzelne starke Halm, an dessen Spitze die Ähre sitzt. Entlang der Ährenachse sind Hochblätter angeordnet, die man Spelzen nennt, welche die Blüten beinhalten. Weizen ist ein Windblütler, d. h., es findet, wie auch bei anderen Gräsern, eine Selbstbestäubung statt. Später umschließen die Spelzen das reife Getreidekorn, dessen Farbe sortenabhängig ist.

Die natürliche Heimat des Weizens liegt in Vorderasien im Gebiet des fruchtbaren Halbmonds, eine Region, die sich vom heutigen Israel nach Norden bis nach Anatolien und nach Osten bis in den Iran erstreckt. Neben Einkorn und Emmer wurde dort auch Gerste domestiziert. Das mediterrane Klima mit langen trockenen Sommern und eine Vielfalt großsamiger Gräser machten dieses Gebiet zu einer weltweit einzigartigen Wiege für die Entstehung des Ackerbaus. Funde von Weizenkörnern, hauptsächlich Einkorn, belegen, dass die ersten seßhaften Bauern mit dessen Anbau etwa 8000 v. Chr. im fruchtbaren Halbmond begonnen haben, und dass sich der Weizen später nach Nordafrika, Europa und Asien ausbreitete. Ertragreiche Anbaugebiete entstanden schon sehr früh im Zweistromland des Euphrat und Tigris und in Ägypten. Während die frühen Weizenbauern das gemahlene Korn zu gekochtem Brei oder Fladen verarbeiteten, gelang den Ägyptern etwa 4000 v. Chr. eine bedeutsame Erfindung: Sie ließen einen Teig aus Weizenmehl und Wasser eine gewisse Zeit stehen, bis die Gärung in Gang kam und sich ein natürlicher Sauerteig bildete. Die eingeschlossenen Gasblasen konnten durch die Krustenbildung beim Backen nicht entweichen, und so entstand Brot. Diese Kunst des Brotbackens beschert heute täglich Milliarden Menschen ihr wichtigstes Grundnahrungsmittel.

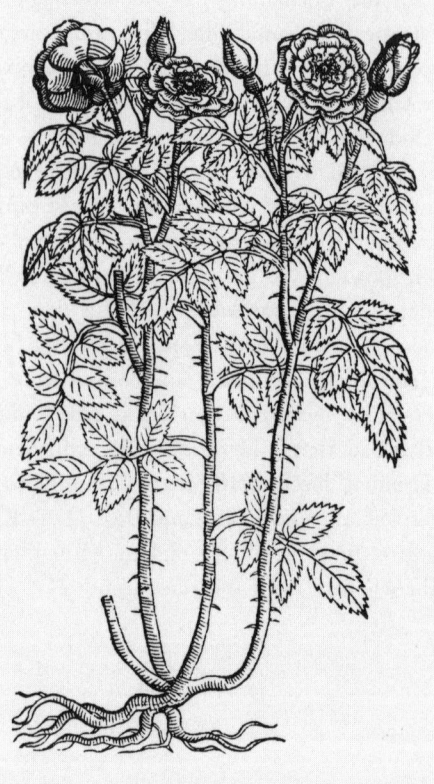

Gallische Rose (Rosa gallica)

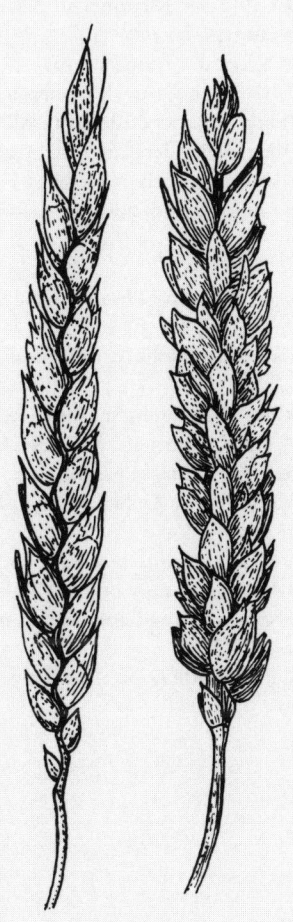

Weizen

QUELLEN

Becher, Ilse: Das Bild der Kleopatra in der griechischen und lateinischen Literatur, Berlin 1966

Clauss, Manfred: Kleopatra, München 1995

Grant, Michael: Kleopatra, Bergisch Gladbach 1977

Vandenberg, Philipp: Cäsar und Kleopatra, München 1986

Wertheimer, Oskar von: Kleopatra – Die genialste Frau der Weltgeschichte, Zürich/Leipzig/Wien 1932

Willmann, Urs: Eine Göttin mit viel Geist, in: DIE ZEIT, Nr. 50, 2004

Ackermann, Diane: A Natural History of the Senses, New York 1990

Beuchert, Marianne: Symbolik der Pflanzen, Frankfurt a. M. 1995

Carter, W. L.: Roses in Antiquity, in: Antiquity, Vol. XIV, 1940

Diamond, Jared: Guns, Germs, and Steel, New York 1999

Faure, Paul: Magie der Düfte, München 1993

Högner-Orthner, Ilse: Vom Zauber der alten Rosen, München 1991

Jacob, Heinrich Eduard: Sechstausend Jahre Brot, Hamburg 1954

Ponting, Clive: A Green History of the World, New York 1991

Squire, David/Newdick, Jane: Faszination Rosen, München 1992

Weeber, Karl-Wilhelm: Alltag im alten Rom – das Landleben, Düsseldorf 2000

Juba II.
JUBA DER ENTDECKER
Wolfsmilch

Juba II.

JUBA II. (48 V. CHR. – 23/24 N. CHR.)

Obwohl Juba II. als universell gebildeter »Rex Literatissimus« in die römische Geschichte eingegangen ist, wird der Schwiegersohn von Kleopatra und Marcus Antonius in den Geschichtsbüchern meist nur als Fußnote verzeichnet. Dabei war Juba II. eine herausragende Persönlichkeit seiner Zeit, nicht nur König, sondern auch Schriftsteller, Naturforscher, Geograph und Entdeckungsreisender. Leider sind seine fünfzehn Bücher zu den verschiedensten Themen überwiegend verschollen oder nur als Fragmente erhalten.

Im Alter von zwei Jahren wurde Juba zum Waisen, als Julius Cäsar Numidien, das Land südlich und westlich von Karthago (also etwa das heutige Tunesien), eroberte und seinen Vater Juba I. besiegte. Nach seiner Niederlage beging Juba I. Selbstmord und Cäsar nahm den kleinen Juba II. als »Beute« mit nach Rom. Trotz seiner Herkunft – ein Barbar aus Afrika – wuchs er dort im Haus Octavians, des späteren Kaisers Augustus, und seiner Schwester Octavia auf und erhielt eine vorzügliche Erziehung. Er interessierte sich besonders für Geschichte, Naturkunde, Sprachen und Kunst. Schon im

Alter von zwanzig hat er sein erstes Buch über die mythologischen Wurzeln Roms veröffentlicht. Bereits in seiner Jugend war er unter den Mitschülern einem anderen Waisenkind aus Afrika, nämlich Kleopatra Selene, der Tochter von Marcus Antonius und Kleopatra, begegnet; sie wurde später seine Frau. Beide verband ein ähnliches Schicksal und die gemeinsame Heimat Afrika.

Kaiser Augustus erkannte früh die Fähigkeiten Jubas II. und machte ihn im Jahr 25 v. Chr. zum Statthalter Roms in Mauretanien, dem Nordwesten Afrikas. So wurde Juba im Alter von nur dreiundzwanzig Jahren König von Mauretanien, zusammen mit Königin Kleopatra Selene. Die Hauptstadt ihres Reiches war Caesarea in der Nähe des heutigen Algier. An ihrem Hof versammelten sie namhafte Künstler, Ärzte und Naturkundler.

Juba II. unternahm zahlreiche Expeditionen zur Erkundung des Nordwestens Afrikas. Zu Lande erkundete er insbesondere das Atlasgebirge, wo er die Quelle des Nils vermutete, und zur See entdeckte er die Kanarischen Inseln – lange vor den Portugiesen. Bei diesen Reisen, die er in seinem Buch »Libyka« dokumentierte, ließ er sich stark von seinem Interesse an Flora, Fauna und an Edelsteinen leiten. Neben zahlreichen Pflanzen beschrieb er die nordafrikanischen Löwen und Elefanten. Diese Elefanten waren eine eigene Art, die heute ausgestorben ist. Juba war fasziniert von diesen mächtigen Tieren und schilderte ausführlich ihre Verhaltensweisen. Eine spätere Reise im Auftrag von Kaiser Augustus führte ihn zusammen mit Gaius Cäsar im

Jahr 2 n. Chr. zur arabischen Halbinsel, von wo aus er den Seeweg nach Indien erkundete (dokumentiert in seinem Buch »Arabia«). Wie kaum ein anderer seiner Zeit verfügte Juba über geographische Kenntnisse, vom Atlantik bis zum Indischen Ozean. Als er sechzig Jahre alt wurde, übergab Juba seinem Sohn Ptolemaios die Herrschaft über Mauretanien, mit über siebzig Jahren starb er in Caesarea.

JUBA II. UND DIE EUPHORBIEN (WOLFSMILCHGEWÄCHSE)

Selbst wenn Juba II. in den Geschichtsbüchern kaum noch erwähnt wird, hat er sich zumindest in der Botanik als Namensgeber der Euphorbien verewigt. Dem römischen Historiker und Naturforscher Plinius dem Älteren haben wir es zu verdanken, dass diese Anekdote überliefert ist. Demzufolge war Juba II. mit seinem Arzt Euphorbus auf einer Erkundungsreise im Atlasgebirge unterwegs, als sie eine sukkulente, d. h. saftvolle oder fleischige Wolfsmilch-Art entdeckten, deren medizinische Anwendung sie später untersuchten. Da die gedrungene, fleischige Gestalt der Pflanze ihn an seinen beleibten Arzt Euphorbus erinnerte, gab Juba ihr aus einer spontanen Laune heraus den Namen »Euphorbea« (hergeleitet vom griechischen Wort »euphorbos«, »wohlgenährt«).

Der Arzt Euphorbus stand im Schatten seines berühmten Bruders Antonius Musa, der am Hof von Kaiser Augustus in Rom einen herausragenden Ruf als Mediziner besaß. Der römische Senat ließ ihm zu Ehren sogar eine Bronzestatue errichten. Es ist wohl eine Ironie des Schicksals, dass die Bronzestatue verschwand, während der Name des Euphorbus in einer Wüstenpflanze verewigt wurde.

Wie Plinius beschreibt, hat Juba als erster die Heilkraft der Euphorbien untersucht und die starke Wirkung des giftigen Pflanzensafts erkannt. Die Pflanze wurde aus sicherer Entfernung mit einer eisenbeschlagenen Stange angeritzt und der milchige Saft der Pflanze in einem Ziegenmagen aufgefangen. Geronnen wurde das Mittel später als »Gummi Euphorbium« gegen Schlangenbisse und als Weihrauch verwendet. Trotz seiner Giftigkeit empfehlen Juba und Plinius es kurioserweise auch als Mittel zur Verbesserung der Sehkraft.

Der Beschreibung nach handelt es sich bei der von Juba entdeckten Art um die Harz-Wolfsmilch (Euphorbia resinifera), aus der noch heute in Nordafrika ein Harz gewonnen wird. Es wirkt so stark, dass man bei seiner Gewinnung Hände und Augen schützen muss. In der Volksmedizin dient es als Hautreizmittel und Zugpflaster. Diese Pflaster wurden früher häufig verwendet, um Entzündungsprozesse zu verkürzen.

DIE PFLANZE

Die Gattung Wolfsmilch (Euphorbia) umfaßt 160 Arten, die in der gemäßigten Zone und in den Tropen verbreitet sind. Dabei unterscheiden sie sich sehr hinsichtlich ihres Aussehens. Bei den in Mitteleuropa heimischen Arten handelt es sich meist um ein- oder zweijährige, teilweise aber auch ausdauernde krautige Arten. Typische Beispiele sind die kreuzblättrige Wolfsmilch (Euphorbia lathyris), die Garten-Wolfsmilch (Euphorbia peblus) und die an sonnigen Plätzen Süd- und West-deutschlands vorkommende Süße Wolfsmilch (Euphorbia dulcis).

Darüber hinaus gibt es weltweit in den Steppen, Halbwüsten und Wüsten zahlreiche sukkulente Euphorbien mit oft kakteenartigem Aussehen. Typische Beispiele dafür sind Euphorbia cactus, ein bis zu 3 Meter hoher Strauch mit einer ausgeprägten Dornenleiste und kandelaberförmigen Verzweigungen, der in Nordostafrika und der arabischen Halbinsel vorkommt, und Euphorbia canariensis, ein bis zu 2 Meter hoher Strauch auf den Kanarischen Inseln, der ebenfalls stark an Kakteen erinnert, und die nur auf Sokotra vorkommende Baum-Euphorbie (Euphorbia arbuscula).

Besonders bekannt ist der bei uns als Zimmerpflanze sehr beliebte Christdorn (Euphorbia milii), der ursprünglich aus Madagaskar stammt. Seine charakteristischen Merkmale sind die paarig an Stamm und Zweigen wachsenden Dornen und seine leuchtend roten Blüten.

In der modernen Medizin haben die Wirkstoffe der Wolfsmilchgewächse kaum noch eine Bedeutung, wohl aber in der Volksmedizin, vor allem in Afrika und Indien. Bei vielen Stämmen im südlichen Afrika wird Euphorbien-Saft als Brech- und Abführmittel benutzt. Darüber hinaus behandelt man damit Warzen und Geschwüre. Der Saft einiger Arten wird sogar zur Behandlung von Zahnschmerzen, zur Senkung von Fieber und zur Behandlung von Hepatitis eingesetzt. Die Buschmänner der Kalahari benutzen den Saft von Euphorbia candelabrum auch als wirksames Pfeilgift.

Wolfsmilch (Euphorbia cyparissias, einheimische Art)

Der Milchbusch (Euphorbia tirucalli) ist ein aus Ost- und Südafrika stammender Strauch, der heute auch in Indien, Brasilien und Kalifornien angebaut wird. Der milchige Saft der bis zu 7 Meter hoch werdenden Pflanze enthält Olefine, die sich zu Benzin transformieren lassen. Daher werden in jüngster Zeit vermehrt Züchtungsversuche mit dieser auf trockenen oder wüstenhaften Böden gedeihenden »Benzinpflanze« unternommen.

QUELLEN

Roller, Duane W.: The World of Juba II and Kleopatra Selene, New York 2003

Buddensiek, Volker: Sukkulente Euphorbien, Stuttgart 1998
Franke, Wolfgang: Nutzpflanzenkunde, Stuttgart 1997
Lexikon-Institut Bertelsmann: Das große illustrierte Pflanzenbuch, Gütersloh 1966
Plinius Secundus d. Ältere: Naturkunde, 37 Bücher in 31 Bänden mit einem Registerband, Zürich/München/Düsseldorf 1973–2004
Rowley, Gordon Douglas: A History of Succulent Plants, Mill Valley 1997
Rowley, Gordon Douglas: The Succulent Spurges: Landmarks in Early History, in: The Euphorbia Journal, Vol. II, Mill Valley 1984

Chlodwig I.
DAS WAPPEN DER FRANKEN
Iris

Chlodwig I.

CHLODWIG I. (466–511)

Chlodwig I. beendete die römische Herrschaft über Gallien, begründete die Macht des Frankenreichs und führte das Land zu einer ersten Blüte. Als Sohn Childerichs I. folgte er diesem 482 als König der Franken auf den Thron. Zu dieser Zeit war das Frankenreich auf die ehemalige römische Provinz Belgica II begrenzt, dies entspricht den heutigen südlichen Niederlanden und dem nördlichen Belgien. Chlodwig einte die Franken, dabei schaltete er gewaltsam eine Reihe von Kleinkönigen aus. Im Jahr 486 besiegte er Syagrius, den letzten römischen Heerführer in Gallien, und dehnte sein Reich auf den größten Teil des Gebiets nördlich der Loire aus. Nach Nordosten erfolgte eine weitere Vergrößerung durch seinen Sieg über die Alemannen in der Schlacht bei Zülprich westlich des Rheins im Jahre 496 und 506 in der entscheidenden Schlacht bei Straßburg, die schließlich zum Ende des Alemannenreichs führte. Nur ein Jahr später errang er einen Sieg über das westgotische Königreich von Tolosa (Toulouse) und brachte somit fast das gesamte Gallien unter seine Kontrolle. Nur der Zugang zum Mittelmeer wurde ihm noch durch die Ostgoten unter Theoderich verweigert. Das

Rheinfränkische Reich eroberte er 509 und vereinigte damit wieder die größten Einzelgruppen der Franken. Als Hauptstadt seines Reiches wählte Chlodwig Lutetia (Paris) mit seiner günstigen strategischen Lage an der Seine. Chlodwig war der erste Frankenkönig, der sich taufen ließ und damit die Christianisierung der Franken einleitete. Für die französischen Historiker gilt er als der Begründer der französischen Nation.

DAS WAPPEN DER FRANKEN

Vor seiner Bekehrung zum Christentum führte Chlodwig drei Kröten in seinem Wappen. Im Zeichen dieses Wappens zog er mit seinen Truppen Richtung Köln in den Kampf gegen die Alemannen. Zuvor hatte er seiner Frau Chlotilde (in einigen Quellen lautet ihr Name Chrodechilde), einer Christin, das Versprechen gegeben, dass er sich im Falle eines Sieges auch taufen lassen würde. Während des Feldzuges wurde er der Legende nach auf einer durch die Mäanderschlingen des Rheins gebildeten Halbinsel von feindlichen Truppen eingeschlossen. Um dieser äußerst ungünstigen strategischen Lage zu entkommen, musste er mit seinen Truppen den Fluss überqueren. Er suchte verzweifelt nach einer Furt, konnte aber keine finden. In dieser Not rief er den Gott der Christen um Hilfe an und bat ihn, ihm ein Zeichen zu geben. Wenig später entdeckte er einen Uferstreifen, an dem gelbe Iris (Iris pseudacorus) weit in den Fluß hinein wuchs. Er wusste, dass diese Pflanzen nur im seichten Wasser vorkommen und schloss daraus, dass hier eine Furt sein müsse. Tatsächlich konnte er seine Truppen an dieser Stelle sicher über den Fluss führen. Neu positioniert, stellte er sich den Alemannen zur Schlacht und trug den Sieg davon. Einer weiteren Variante der Sage gemäß erschien ihm die Jungfrau Maria in dieser aussichtslos erscheinenden Situation und überreichte ihm eine gelbe Iris als Zeichen, wo er die Furt finden könne. Diese Legende wurde vor allem von der katholischen Kirche aufgegriffen und weit verbreitet.

Wie er es seiner Frau versprochen hatte, ließ sich Chlodwig nach dem Feldzug taufen, allerdings hatte zuvor der Bischof von Rom seine Bedingung annehmen müssen, dass die Besetzung aller geistlichen Ämter im Frankenreich von einer Synode unter seinem Vorsitz bestimmt würde und die Geistlichen ihm steuerpflichtig blieben. Die Christianisierung des Frankenreichs war freilich schon vor dem Feldzug abzusehen, da Chlodwig dem Drängen seiner Frau nachgegeben und seine Söhne Ingomer und Chlodomer hatte taufen lassen. Die Kröten in seinem Wappen ersetzte er nun durch die gelbe Iris.

Zur Zeit der Kreuzzüge nahm König Ludwig VII. diese Wappenblume in sein Banner auf: ein blaues Schild mit einem dichten Muster kleiner, goldener Iris. Ihm zu Ehren nannte man die Blume daraufhin »Fleur de Louis« oder »Fleur-de-Lis«. Die Bezeichnung »Lis«, also Lilie, führte vielfach zu der Interpretation, dass es sich um eine weiße Lilie (Lilium candidum) gehandelt habe. Die Sage und die Form der Wappenblume weisen jedoch eindeutig auf eine Iris, d. h. eine Schwertlilie, hin.

Karl V. änderte 1376 das ursprüngliche Muster in drei goldene Schwertlilien auf blauem Grund. Die Fleur-de-Lis wurde zum Symbol der Herrschaft über Frankreich.

Daher ließ sie der englische König Eduard III. – um seinen Anspruch auf den französischen Thron zum Ausdruck zu bringen – in dieser Zeit ebenfalls in sein Wappen aufnehmen. Erst George III. verzichtete im Jahr 1801 auf die Iris als nationales Symbol, was den Streit um die rechtmäßige Verwendung beendete.

Die große nationale Bedeutung der Wappenblume der Franzosen wird in Voltaires poetischer Beschreibung des »Lilienreiches« deutlich:

> Là, sur un trône d'or Charlemagne et Clowis,
> Veillent du haut des cieux sur l'Empire des Lis.

> Auf goldenem Thron im Himmel
> wachen Karl der Große und Chlodwig über das Lilienreich.

Die Iris wird auch als »Lilie der Bourbonen« bezeichnet. Als 1814, nach der Abdankung Napoleons I., der Bourbone Ludwig XVIII. auf den Thron gelangte, stiftete er den Lilienorden (»Orde du Lys«), womit die Iris zum Abzeichen der Bourbonischen Partei wurde – im Gegensatz zur Blume Napoleons, dem Veilchen. Die goldene Iris als Emblem findet man in zahlreichen anderen Wappen, zum Beispiel in dem von Quebec, Wiesbaden, Florenz oder auch im Wappen der Augsburger Handelsfamilie Fugger.

Der Name der Schwertlilie geht auf die griechische Göttin des Regenbogens, Iris, zurück. Sie schreitet über den Regenbogen auf die Erde hinab bis hinunter in die Unterwelt. Als Überbringerin von Nachrichten ist sie die weibliche Entsprechung zum Götterboten Hermes. Aus Tautropfen besteht ihr blumengleiches Kleid, in dem sich die Gestirne des Himmels spiegeln. Iris begleitet verstorbene Frauen und Mädchen auf der Bahn des Regenbogens in das Reich des ewigen Friedens. Daher ist die Schwertlilie heute noch in Griechenland und Kleinasien auf Frauengräbern zu finden.

Als Kulturpflanze wurde die Iris erstmals in Ägypten während der Herrschaft von Thutmosis I., etwa 1500 v. Chr., angebaut. Der Pharao soll sie nach seinen Siegen aus dem heutigen Syrien mitgebracht haben. Sein Enkel Thutmosis III., Stiefsohn der Pharaonin Hatschepsut, soll nach einem erneuten Sieg über die Syrer bei seinem Triumphzug eine Iris in der Hand gehalten haben. In der ägyptischen Kunst wird die Iris seit dieser Zeit als Siegeszeichen verwendet. Im Tempel von Karnak bei Luxor befindet sich ein Pflanzenrelief, auf dem die Iris orientalis abgebildet ist.

In Griechenland bezeichnete der Dichter Anakreon im 5. Jahrhundert v. Chr. die Blüten der Iris als Symbol des Schmerzes verschmähter Liebe. Darüber hinaus sahen die Griechen in ihren spitzen Blättern ein Sinnbild geschliffener Redekunst, »Schwerter des Geistes«.

Die Wurzelstöcke bestimmter Irisarten wurden schon in der Antike zur Herstellung von Parfum verwendet, die Griechen nannten das Iris-Parfum »Kypros«. Theophrast, ein Schüler des Aristoteles, erwähnt in seinem Ende des

4. Jahrhunderts v. Chr. entstandenen Werk »Naturgeschichte der Gewächse« (Peri phyton historias) den besonderen Stellenwert der Iris unter den Duftpflanzen: »Von wohlriechenden Gewächsen kommt keines (im Norden) vor; außer der Iris in Illyrien und am adriatischen Meer.«

Auch Dioskurides beschreibt in seinem Buch »Über Arzneimittel« (Peri hyles iatrikes) ein Rezept zur Herstellung von Iris-Parfum. Wegen des intensiven Veilchenduftes wird das Rhizom der Iris florentina auch »Veilchenwurzel« oder »Florentiner Wurzel« genannt, seit dem 18. Jahrhundert wurde es intensiv zur Herstellung teurer Parfums benutzt.

Der medizinische Nutzen der Iris ist schon seit der Antike bekannt und wird beispielsweise von Plinius in seiner »Naturkunde« ausführlich behandelt. Auch Hippokrates und Dioskurides empfahlen die »Veilchenwurzel« als Heilmittel. Im Mittelalter wurde sie als »Violwurtz« bezeichnet. »In summa / die Violwurtz ist zu vielen Dingen gut«, so werden ihre vielfältigen Anwendungen zusammengefasst. Interessanterweise erwähnt man darüber hinaus, dass sie, in reiner Form gestoßen und mit Honig vermischt, als Abtreibungsmittel oder als Bestandteil »der Frawen Zäpfflin«, die in der Antike als Pessar dienten, verwendet wurde. Aus der Wurzel wurde Tee gegen die Verschleimung der Atemwege, gegen Magen- und Darmerkrankungen und gegen Würmer hergestellt. Am bekanntesten ist wohl die schon seit dem Altertum verbreitete Nutzung der Wurzelstöcke als schmerzstillendes »Beißerle« für zahnende Kinder.

Wegen der medizinischen Bedeutung der Iris empfahl auch Karl der Große in seinem Gesetzeswerk »Capitulare de villis« den Anbau der Iris in Gärten.

In der christlichen Kunst ist die Iris die Blume der Verkündung, die der Erzengel Gabriel auf Tafel- und Altarbildern in der Hand trägt. Damit wird sie zur Symbolpflanze der Jungfrau Maria. So heißt es in den Offenbarungen der Heiligen Birgitta von Schweden (1303–1373): »Liebet die Mutter der Barmherzigkeit! Sie ist gleich der Blume der Schwertlilie, deren Blatt zwei scharfe Kanten hat und in einer feinen Spitze ausläuft … Sie ist die Blume, die in Nazareth blüht, hoch über dem Libanon sich ausbreitet … Wie das Blatt der Schwertlilie hat auch Maria sehr scharfe Schneiden, das ist der Schmerz des Herzens über das Leiden des Sohnes und die standhafte Abwehr gegen alle List und Gewalt des Teufels.«

DIE PFLANZE

Die Gattung Schwertlilie (Iris) gehört zur Familie der Iridaceae und umfasst mehr als 150 Arten, die in den gemäßigten Zonen der nördlichen Halbkugel von Amerika bis Japan vorkommen. Man unterteilt die Gattung in zwei Hauptgruppen, die Zwiebel-Iris und die Rhizom-Iris, die sich wiederum in die Untergruppen Bart-Iris, bartlose Iris-Formen und Evansia oder Kamm-Iris aufteilen.

Der Name Iris bezieht sich auf die vielen, einem Regenbogen gleichenden Farben, in denen die verschiedenen Arten der Iris blühen. Andererseits kommt der Name Schwertlilie von den für die Pflanze charakteristischen langen, linearen und spitz zulaufenden Blättern. Die Blüten haben drei äußere Kronblätter (»Hängeblätter«), die sich nach unten neigen. Auf der Mittelader dieser äußeren Kronblätter zeigen sich bei einigen Arten lange bürstenförmig angeordnete Haare, das besondere Kennzeichen der Bart-Iris. Die drei inneren Kronblätter stehen aufrecht nach oben (»Dornblätter«) und werden dabei schmäler. Zwischen diesen inneren Kronblättern befinden sich die deutlich kleineren Griffelnarben, unter denen die Staubblätter sitzen. Bei der Frucht handelt es sich um eine dreiklappige Kapselfrucht, die runde rote Samen enthält.

Die Iris-Art, die Chlodwig fand, war die Sumpfschwertlilie (Iris pseudacorus). Sie ist in weiten Teilen Europas an Flüssen, Seen, Teichen und in Mooren zu finden. Ihre langen, schmalen Blätter werden bis zu 1 Meter lang. Die Blüten sind auffallend leuchtend gelb. Als Gartenblume ist die Iris mit ihren zahlreichen Zuchtformen in vielen Blütenfarben sehr beliebt.

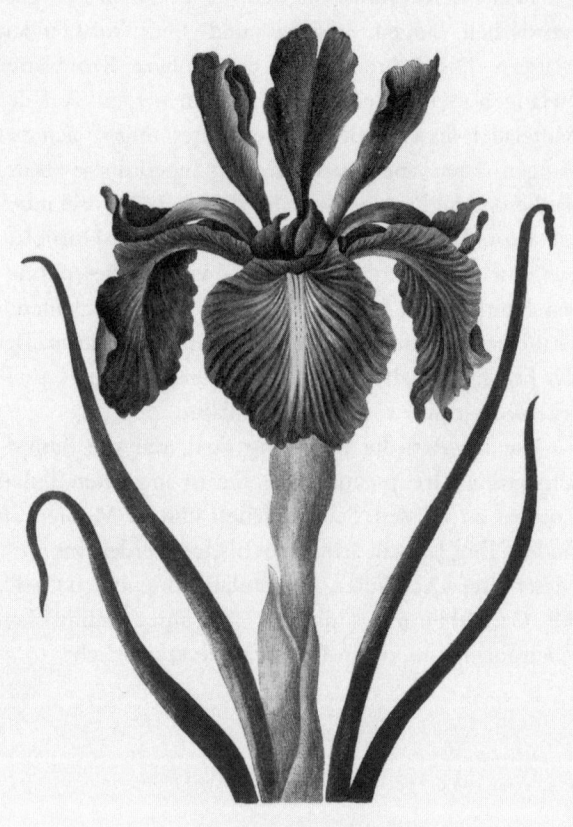

Iris

QUELLEN

Ewig, Eugen: Chlodwig I., in: Lexikon des Mittelalters, Bd. 2, München 1992

Geuenich, Dieter: Chlodwig. Versuch einer Biografie, in: Chlodwig und die »Schlacht bei Zülprich«, Hrsg.: Verein der Geschichts- und Heimatfreunde des Kreises Euskirchen, Euskirchen 1996

Hermes, Rudolph: Chlodwigsagen in und um Zülprich, in: Chlodwig und die »Schlacht bei Zülprich«, Hrsg.: Verein der Geschichts- und Heimatfreunde des Kreises Euskirchen, Euskirchen 1996

Beuchert, Marianne: Symbolik der Pflanzen, Frankfurt a. M. 1995

Faure, Paul: Magie der Düfte, München 1993

Gallwitz, Esther: Ein wunderbarer Garten, Frankfurt a. M. 1996

Heilmeyer, Marina: Die Sprache der Blumen, München/London/New York 2000

Hübner, Paul: Der Rhein, München 1982

Lehane, Brendan: Macht und Geheimnis der Pflanzen, München 1978

Lexikon-Institut Bertelsmann: Das große illustrierte Pflanzenbuch, Gütersloh 1966

Scherf, Gertrud: Pflanzengeheimnisse aus alten Zeiten, München 2004

Sprengel, Kurt: Theophrast's Naturgeschichte der Gewächse, Altona 1822

Isabella von Kastilien
EINE NEUE WELT FÜR DAS WEISSE GOLD
Zuckerrohr

Isabella von Kastilien

ISABELLA VON KASTILIEN (1451–1504)

Mit Ausnahme des Emirats Granada, der letzten Bastion der Mauren, war die iberische Halbinsel im 15. Jahrhundert in drei Königreiche aufgeteilt: Portugal im Südwesten, Kastilien, das sich von Gibraltar über die zentrale Hochebene bis nach Galicien zum Atlantik erstreckte, und das katalanisch-sprachige Königreich Aragon im Osten mit seiner wichtigen Hafenstadt Barcelona.

Isabella, Tochter Königs Johann II. von Kastilien, heiratete als 18-jährige König Ferdinand, den Herrscher über das benachbarte Aragon. Fünf Jahre später krönte sich Isabella 1474 in einem Handstreich, wenige Tage nach dem Tod ihres Halbbruders Heinrich IV., zur Königin von Kastilien. Ihren Anspruch auf den Thron musste sie in einem fünf Jahre dauernden Erbfolgekrieg durchsetzen. Ferdinand und Isabella vereinigten Kastilien und Aragon und schufen so die Grundlage für den spanischen Nationalstaat. Der neu aufgebaute zentralistische Verwaltungsapparat sollte ihre Macht im Inneren absichern.

Papst Alexander VI. verlieh Ferdinand und Isabella den Titel »Katholische Könige«. In der Tat beendeten die beiden die mehr oder weniger friedliche Koexistenz von Islam, Judentum und Christentum, was zugleich das Ende der kulturellen Blütezeit Spaniens im späten Mittelalter bedeutete. Isabella ordnete 1478 die Inquisition an, der insbesondere konvertierte Juden und Moslems zum Opfer fielen. Unter ihrer Herrschaft wurden die meisten Juden aus Spanien vertrieben. Den Höhepunkt der »Reconquista«, der Rückeroberung des Maurenreichs, bildete der Sieg über Granada im Januar 1492, der die endgültige Vertreibung der Mauren von der iberischen Halbinsel nach sich zog.

Als Christopher Kolumbus das erste Mal bei Isabella für seinen Plan warb, den Atlantik nach Westen zu überqueren, um einen alternativen Seeweg nach Indien und China zu finden, wurde er abgewiesen. Ebenso an mehreren anderen Königshöfen Europas, wo man sein Vorhaben schlichtweg für irrwitzig hielt. Nach dem Sieg über die Mauren hatte Isabella, in der kastilischen Tradition einer Atlantik-Orientierung stehend, ein offeneres Ohr, gab schließlich seinem mehrfach vorgetragenen Ansinnen nach und finanzierte die Expedition. Mit der Entdeckung Amerikas sollte Isabella den Grundstein für das spanische Kolonialreich in der Neuen Welt legen.

EINE NEUE WELT FÜR DAS WEISSE GOLD

Zu Zeiten Isabellas beherrschten die Osmanen in immer stärkerem Maße das östliche Mittelmeer. Der für die Europäer so attraktive und Gewinn versprechende Handel mit Gewürzen aus Indien und anderen asiatischen Ländern wurde dadurch stark beeinträchtigt. Dies war die eigentliche Motivation für die europäischen Mächte, neue Seewege nach Indien zu suchen und damit den arabischen Zwischenhandel auszuschalten. Es kam dabei besonders zwischen Portugal und Kastilien zu einem Wettbewerb, der eindeutig zu Gunsten der Portugiesen ausging, die ihre Erkundungen schon seit Heinrich dem Seefahrer intensiv vorangetrieben hatten. Im Vertrag von Alcacovas musste Kastilien 1479 den Portugiesen exklusive Rechte auf die Handelswege rund um Westafrika zugestehen, lediglich die Besitzansprüche auf die 1441 von Kastilien eroberten Kanarischen Inseln blieben bestehen, während Portugals Ansprüche auf die Azoren, Madeira und die Kapverdischen Inseln anerkannt wurden.

Da der Seeweg nach Indien über das Kap der Guten Hoffnung durch Portugal blockiert war, entschied sich Isabella wohl letztlich doch dazu, Kolumbus über den Atlantik zu schicken, um eine alternative Route nach Indien zu finden. Zudem hatte Kolumbus neue Quellen für Gewürze und den Zugang zu den sagenhaften Goldschätzen Chinas versprochen. Im Lichte dieser Prognosen war die Entdeckung der karibischen Inseln genau genommen zunächst eine herbe Enttäuschung. Der Seeweg nach Indien wurde nicht gefunden, und begehrte Gewürze hatten diese Inseln auch nicht zu bieten. Zwar brachte Kolumbus von seiner ersten Reise Gold mit, wirklich große Schätze wurden aber erst später bei den Azteken und Inkas gefunden. Welches Motiv veranlasste Isabella, trotzdem die Kolonisierung dieser Inseln mit ungeheuerem Aufwand voranzutreiben? Die Antwort lautet: Zucker, das weiße Gold!

Das älteste Wort für Zucker findet man im Sanskrit, es lautet »Sharkara«, später im Persischen »Shakar«, im Arabischen »Sukkar«, daraus wurde im Englischen »Sugar« und im Deutschen »Zucker«. Schon im Mittelalter gelangte aus Zuckerrohr (Saccharum officinarum) gewonnener Zucker aus arabischen Gebieten zunächst als teueres Gewürz und Arznei nach Europa. Mit Zucker wurde in England 1319 zum ersten Mal gehandelt, in Dänemark 1374 und in Schweden 1390. In Deutschland ist der Zuckerhandel erstmals 1321 urkundlich erwähnt. Bemerkenswert ist die »Große Ravensburger Handelsgesellschaft«, die schon im 15. Jahrhundert direkte Handelsbeziehungen nach Spanien unterhielt, um Zucker zu importieren.

Während man früher annahm, dass die Heimat des Zuckerrohrs in Bengalen in Ostindien liege, ergaben neuere Forschungsergebnisse, dass es ursprünglich aus Neu-Guinea stammt. Allerdings wird diese Pflanze schon seit etwa fünftausend Jahren in Indien kultiviert. Dort begegnete Alexander der Große als erster Europäer dem Zuckerrohr, seine Begleiter Nearchos und Onesikritos sprachen davon, »dass in Indien ein Schilf Honig hervorbringen soll ohne Beihilfe von Bienen«, und dass ein Getränk daraus, obwohl das Gewächs nicht fruchtbringend sei, dennoch berauschend wirke. Über arabische Händler gelangte Zuckerrohr nach Ägypten und in andere arabische Länder. Schließlich brachten es die Mauren im 8. Jahrhundert nach Südspanien.

König Abd Ar-Rahman, der 755–788 über den maurischen Teil Spaniens herrschte, begeisterte sich besonders für Gartenkunst und Landwirtschaft. Er soll zahlreiche neue Pflanzenarten, darunter vermutlich auch Zuckerrohr, aus dem arabischen Raum in Spanien eingeführt haben. Tatsächlich legten die Mauren ausgeklügelte Bewässerungssysteme an, und die Landwirtschaft erlebte in den von ihnen beherrschten Gebieten eine Blütezeit. Die Küstengebiete Südspaniens durchzogen im 11. Jahrhundert ausgedehnte Zuckerrohrplantagen, und die Weiterverarbeitung der Ernte erfolgte in nicht weniger als vierzehn Zuckerfabriken, die teilweise schon mit Mühlen ausgestattet waren, welche mit Wasserkraft betrieben wurden. Dank dieser weit entwickelten Technik konnten die Mauren die Effizienz der Zuckergewinnung erheblich steigern. Bis zum 15. Jahrhundert entstand eine regelrechte Zuckerindustrie in Granada, die nicht nur Nordafrika, sondern mit hohen Gewinnen auch das christliche Europa belieferte. Die Spanier waren sich bewusst, um was für eine attraktive Handelsware es sich handelte, und hatten deshalb in der zweiten Hälfte des 15. Jahrhunderts damit begonnen, auf den Kanarischen Inseln Zuckerrohr anzubauen. Dort waren die Anbaugebiete jedoch beschränkt und ihre Technik noch nicht so weit entwickelt wie bei den Mauren. Vor diesem wirtschaftlichen Hintergrund wird deutlich, dass die »Reconquista« viel mehr war als ein Religionskrieg. Die »Katholischen Könige« eroberten eine höchst lukrative Zuckerquelle für Europa, und Isabella konnte so die marode kastilische Staatskasse sanieren.

Als Kolumbus 1493, nachdem er ausführlich über seine Entdeckungen berichtet hatte, mit einer ganzen Flotte von Schiffen zu seiner zweiten Reise nach »Westindien«

aufbrach, hatte er auf Befehl Isabellas ein wertvolles Gut an Bord: Zuckerrohr-Stecklinge! Über seine Anbauversuche auf Hispaniola (dem heutigen Haiti) berichtete er Isabella und Ferdinand: »Die kleine Menge Zuckerrohr, die man gepflanzt hat, gedeiht vortrefflich; entspricht die Güte der Schnelligkeit [des Wachstums], so werden die hiesigen Produkte denen von Andalusien und Sizilien in nichts nachstehen… Ihre Hoheiten wollen dem Don Juan de Fonseca befehlen, Sorge zu tragen, dass Zuckerrohr bester Art hierher abgeschickt wird.« Kolumbus war mit dem wertvollen Handelsgut Zucker wohl vertraut. Als gebürtiger Genuese hatte er 1478 für Kaufleute aus seiner Heimatstadt Zucker von Madeira nach Genua verschifft. Zudem stammte seine erste Frau Felipa Munhiz Perestrello aus Madeira, wo die Portugiesen schon 1432 damit begonnen hatten, Zuckerrohr anzubauen.

Es stellte sich heraus, dass Zuckerrohr in dem feucht-heißen Tropenklima der Karibik noch viel besser gedieh als in Südspanien, wo die Plantagen aufwendig bewässert werden mussten und winterliche Kälteeinbrüche den Pflanzen zusetzten. Mit großem logistischem Aufwand ließ Spanien in den folgenden Jahren in der Karibik Zuckerrohr-Plantagen anlegen und Mühlen zur Weiterverarbeitung errichten. Um 1510 gab es bereits ein gutes Dutzend dieser Plantagen auf den karibischen Inseln. Pietro D'Anghiera aus Arona (1457–1541) berichtete über den Status dieser Aktivitäten im Jahr 1518: »Hispaniola hat achtundzwanzig Mühlen, die eine große Menge Zuckerrohr auspressen, das dort höher und stärker sein soll als irgendwo anders, nämlich anderthalb Manneshöhen und von Schenkeldicke …; es gedeiht in herrlicher Fülle, und die Schößlinge treiben binnen zwanzig Tagen ellenlange Stengel.«

Zucker, der wegen seines hohen Preises im Mittelalter »weißes Gold« genannt wurde, war also der eigentliche Schatz, den die Spanier dank Kolumbus in der Karibik nutzen und mehren konnten.

Für die Ausweitung der Zuckerrohrplantagen benötigte man viele Arbeitskräfte. Zunächst hatten die Spanier versucht, die Indianerstämme der Karibik, die Kariben und die Arawak, zu versklaven. Doch die Indianer vertrugen die harten Bedingungen der Sklaverei nicht, und sehr viele starben an den von Spaniern eingeschleppten Krankheiten, die indianische Urbevölkerung der Karibik verschwand so für immer.

Die spanischen Plantagenbesitzer wussten aber zu dieser Zeit schon, dass sich schwarze Sklaven aus Afrika sehr gut für solche Arbeiten eigneten. Im Jahr 1443 hatten die Portugiesen erstmals Sklaven aus Afrika nach Lissabon verschifft. Nur wenige Jahre später begannen die Spanier, schwarze Sklaven von portugiesischen Händlern zu kaufen, die ihre »Ware« hauptsächlich in Sevilla anlandeten. Die spanische Landwirtschaft brauchte diese Menschen vor allen Dingen wegen der ineffizienten Zuckerproduktion. Die Mauren hatten den christlichen Eroberern über lange Zeiträume hin perfektionierte Bewässerungsanlagen und mechanisierte Zuckermühlen auf einem für die damalige Zeit hohem Standard hinterlassen. Da die Spanier jedoch nicht über die notwendigen Kenntnisse verfügten, verfielen viele dieser Anlagen oder sie arbeiteten mit geringer Effizienz. Dies führte zu dem Ergebnis, dass die Zucker-erträge im Vergleich zu denen der Mauren deutlich sanken. Um diese Defizite auszugleichen, musste mehr Muskelkraft aufgewendet werden – Muskelkraft von Sklaven! Auf den Kanarischen Inseln hatten die Spanier zu ähnlichen Methoden gegriffen und die Urbevölke-rung, die Guanchen, für diesen Zweck versklavt. Mit dem unbefriedigenden Ergebnis, dass diese, bedingt durch Krankheiten und Misshandlungen, nach wenigen Jahrzehnten unter spanischer Herrschaft ausgestorben war.

Schon im Jahr 1501 erlaubten Isabella und Ferdinand den Kolonisten in der Karibik, Sklaven aus Spanien zu importieren. Etwa ab 1530 wurden Sklaven direkt aus Westafrika in die Karibik verfrachtet. Es begann ein grausames Kapitel der frühen Globalisierung: Es waren besonders die Portugiesen, Engländer, Franzosen und Holländer, die Schiffe mit Tauschwaren nach Westafrika schickten und dort Burgen als Handelsstationen und Auffanglager für Sklaven bauten. In Ghana beispiels-weise ist bis heute die von Holländern erbaute Burg Elmina erhalten geblieben. Dort kaufte man Sklaven im Tausch gegen europäische Waren ein und transportierte diese Menschen angekettet und eng eingepfercht wie Tiere auf Schiffen über den Atlantik. Man nimmt an, dass etwa zwanzig Prozent von ihnen bereits die grausa-men Bedingungen der Überfahrt nicht überlebten. Die schlechte Behandlung und die harte Arbeit auf den Zu-ckerrohrplantagen forderte des Weiteren eine hohe Zahl von Opfern; die durchschnittliche Lebenserwartung dieser Arbeitssklaven auf den Plantagen betrug ungefähr zehn Jahre. In dieser Zeit produzierte ein Sklave durchschnittlich etwa eine Tonne Zucker (bezogen auf die Produktionsbedingungen um 1700) – ein Menschenleben für eine Tonne Zucker!

Die Schiffe, die die Sklaven in die Karibik brachten, transportierten auf dem Rückweg nach Europa den Zucker oder das Veredelungsprodukt Rum. Auf diese Weise machten europäische Handelsgesellschaften in einem globalen Dreiecksgeschäft mehr als dreihundert Jahre lang glänzende Gewinne. Während dieser Zeit wurden etwa zwölf Millionen Afrikaner auf menschenunwürdigste Weise versklavt und nach Amerika gebracht – ein düsteres Kapitel der Geschichte, an dessen Anfang einige Zuckerrohr-Stecklinge standen, die Kolumbus im Auftrag von Königin Isabella hatte pflanzen lassen.

Es darf nicht unerwähnt bleiben, dass Kolumbus in der Gegenrichtung eine Reihe Pflanzen aus Amerika nach Europa brachte, die heute eine herausragende Bedeutung als Kulturpflanzen haben – was zu seiner Zeit aber noch nicht erkannt wurde. Zu ihnen gehören Mais (Zea mays), der Kakao-Baum (Theobroma cacao), die Ananas (Ananas comosus) und Tabak (Nicotiana rustica). Insbesondere der Gebrauch des Tabaks erregte in der Alten Welt großes Aufsehen. Rodrigo de Xeres, einer der Seeleute aus Kolumbus' Mannschaft, führte nach seiner Rückkehr mit einer aus getrockneten Tabakblättern selbst gedrehten Zigarre öffentlich vor, wie man raucht. Dabei stieß er nach dem Inhalieren den Rauch sowohl

Sklave

aus der Nase als auch aus dem Mund aus. Wegen satanischer Hexerei wurde er von der Inquisition zu zehn Jahren Gefängnis verurteilt. Aus heutiger Sicht muss man sagen: Die Inquisition hat offensichtlich ihre frühen Bestrebungen nach einem Rauchverbot nicht sehr konsequent weiterverfolgt.

DIE PFLANZE

Zuckerrohr (Saccharum officinarum) ist ein bis zu 7 Meter hoch wachsendes Gras, das zur Familie der Süßgräser (Poaceae) gehört. Sein Ursprungsgebiet liegt in Neu-Guinea, aber heute ist die Kulturpflanze weltweit in den Tropen verbreitet. Zuckerrohr kann sehr viel effizienter als die meisten anderen Pflanzen bei der Photosynthese Kohlendioxid aus der Atmosphäre binden und wächst daher sehr schnell, benötigt dafür aber intensive Sonneneinstrahlung. Das Mark des etwa 2 bis 7 cm dicken Halms enthält den begehrten zuckerhaltigen Saft (7 bis 20 % Saccharosegehalt). Der Halm besteht aus zehn bis vierzig Zwischenknotenstücken, den Internodien. Die 1 bis 2 Meter langen Blätter stehen wechselständig und ähneln denen des Mais. Als Tropenpflanze ist Zuckerrohr sehr wärmeliebend. Die mittlere Jahrestemperatur sollte 18 Grad Celsius nicht unterschreiten. Schon Temperaturen nur einige Grad über Null und erst recht Frost lassen die Pflanze absterben. Außerdem erfordert das Gedeihen hohe Niederschläge von mindestens 1000 bis 1250 mm oder eine entsprechend intensive Bewässerung. Die Vermehrung auf den Plantagen erfolgt vegetativ durch Stecklinge, die mit Erde bedeckt und bewässert werden. Wenn die Halme den

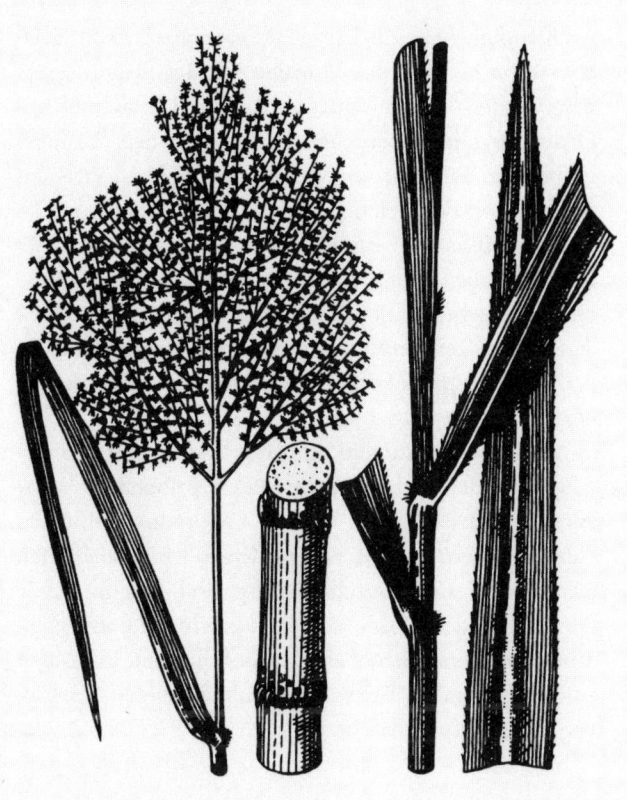

Zuckerrohr (Saccharum officinarum)

höchstmöglichen Zuckergehalt erreichen, kann nach etwa zehn bis vierzehn Monaten mit der Ernte begonnen werden. Dabei schlägt man die Halme tief am Grund ab und entfernt die Blätter. Aus den Stoppeln treiben die Pflanzen wieder aus, und es kann vier- bis achtmal von der gleichen Pflanze geerntet werden. Das von den Blättern befreite Rohr muss rasch nach der Ernte verarbeitet werden, da bei tropischen Temperaturen der Zuckergehalt schnell sinkt. Zwischen rotierenden Walzen zerquetscht man das Rohr und gewinnt so den Saft, der in folgenden Schritten zunächst mechanisch gereinigt wird. Durch Kochen dickt man den Saft bis zur Kristallisation ein und zentrifugiert den Muttersirup von den Kristallen ab. Dieser gelbbraune Rohzucker wird dann zum weißen Endprodukt raffiniert. Aus der Melasse, dem zurückbleibenden kristallfreien Sirup, kann man durch Gärung und anschließende Destillation den bekannten Rum gewinnen und neuerdings auch Bio-Ethanol als Kraftstoff für Autos. Aus den zurückbleibenden Fasern der Halme werden Karton, Papier und Brennstoff hergestellt.

QUELLEN

Granzotto, Gianni: Christoph Kolumbus, Stuttgart 1985
Perez, Joseph: Ferdinand und Isabella, München 1989
Venzke, Andreas: Der Entdecker Amerikas, Zürich 1991

Baxa, Jakob/Bruhns, Guntwin: Zucker im Leben der Völker, Berlin 1967
Franke, Wolfgang: Nutzpflanzenkunde, Stuttgart 1997
Hartmann, Frank: Das bittere Ende eines süßen Grases, in: Natur + Kosmos, Heft 3, 2006

Hobhouse, Henry: Sechs Pflanzen verändern die Welt, Stuttgart 1987

Lippmann, Edmund O. von: Geschichte des Zuckers, Berlin 1929 (Nachdruck Niederwalluf 1970)

Palmer, Colin: The Cruelest Commerce, in: National Geographic 9 1992

Ponting, Cleve: A Green History of the World, New York 1993

Shogun Hidetada Tokugawa
IM GARTEN DER SAMURAI
Kamelie, Kirsche und Chrysantheme

Shogun Hidetada Tokugawa

SHOGUN HIDETADA TOKUGAWA (1579–1632)

Ein Shogun war das Oberhaupt einer Krieger-Kaste der Samurai. Die Bezeichnung »Shogun« leitet sich von »Seii Taishogun« her, was in etwa »Großmarschall zur Unterwerfung der Barbaren« bedeutet und auf die frühen Kämpfe mit der japanischen Urbevölkerung Ainu zurückzuführen ist. Seit dem späten 12. Jahrhundert bis in die Mitte des 19. Jahrhunderts waren die Shogune die eigentlichen Herrscher über Japan, die japanischen Kaiser übten nur noch repräsentative Funktionen aus. Die Herrschaftszeit der Shogune wird in vier Epochen unterteilt; die letzte, das Tokugawa- oder Edo-Shogunat, dauerte von 1603 bis 1867 und wurde von Ieyasu Tokugawa begründet. Ieyasu Tokugawa baute seinen Herrschaftssitz, den bis dahin eher unbedeutenden Fischereihafen Edo, zu einem Machtzentrum aus, das heute unter dem Namen Tokyo bekannt ist. Die Stadt Edo wuchs rasant und war 1721 mit einer Millionen Einwohnern die damals größte Stadt der Welt. Die Zeit des Edo-Shogunats stellt die längste ununterbrochene Friedensperiode in der Geschichte Japans dar, sie war allerdings auch stark von einer Abschottung gegenüber dem Ausland geprägt.

Im Jahr 1598 endete die dominierende Machtposition des Toyotomi-Clans in Japan mit dem Tod des Oberhauptes Hideyoshi Toyotomi. Es kam zu einem blutigen Machtkampf zwischen verschiedenen Samurai-Kasten, und schließlich gewann der Tokugawa-Clan mit Ieyasu Tokugawa an der Spitze die Oberhand, und Ieyasu wurde Shogun. Schon im Jahr 1605 übergab Ieyasu Tokugawa das von ihm gegründete Shogunat offiziell an seinen Sohn Hidetada, übte aber bis zu seinem Tod im Jahre 1616 weiterhin selbst die Herrschaft aus. Während ihrer Herrschaftszeit führten Ieyasu und sein Sohn Hidetada gegen den in Osaka ansässigen Toyotomi-Clan Krieg, dessen Macht noch nicht völlig gebrochen war. Dieser Krieg, bei dem der Tokugawa-Clan 155000 Soldaten ins Feld führte, begann im Winter 1614 und endete im Sommer 1615 mit der Eroberung der Burg von Osaka und der Tötung des letzten Samurai der Toyotomi. Während des Krieges gab es deutliche Differenzen zwischen Ieyasu und seinem Sohn Hidetada, wobei sich Hidetada mit seiner brutalen Angriffstaktik durchsetzte und schließlich den Sieg errang. Hideyori, der letzte Anführer des Toyotomi-Clans, wurde mit seiner Mutter zum Selbstmord gezwungen, alle Nachkommen, auch die Kinder, wurden getötet.

Im weiteren Verlauf seiner Herrschaft widmete sich Hidetada insbesondere der Gesetzgebung zur Regelung des Lebens der Samurai, außerdem gründete er den kaiserlichen Gerichtshof.

Shogun Hidetada betrieb eine harte, intolerante Innenpolitik gegenüber den Christen. Während seiner Herrschaft mussten viele ihrem Glauben abschwören und einige, die sich weigerten, wurden hingerichtet.

IM GARTEN DER SAMURAI

Hidetada war ein schlachtenerprobter, erfolgreicher Samurai und ein machtbewusster, mit harter Hand regierender Herrscher über Japan. Doch hatte dieser brutale Krieger noch eine ganz andere Seite: Er war ein großer Liebhaber von Gärten, und seine besondere Zuneigung galt den Kamelien. Angeblich hatten die Samurai eine Abneigung gegen Kamelien, da ihre roten Blüten, wenn sie vom Stengel gebrochen und auf die Erde gefallen waren, an die abgeschlagenen Köpfe gefangener Samurai erinnerten. Tatsächlich beweisen die Gärten des Hidetada das Gegenteil. Darstellungen der Burg von Edo aus der ersten Hälfte des 17. Jahrhunderts zeigen detailliert die Unterteilung der Gartenanlagen des Shoguns. Dabei fällt ein Bereich auf, der durch hohe Mauern besonders gut geschützt war. In ihm ließ Hidetada eine große Anzahl seltener Kamelien mit vielen unterschiedlichen Farben anpflanzen, die aus allen Teilen Japans nach Edo gebracht wurden.

Noch zu Lebzeiten Hidetadas wurde 1630 das erste Buch über Kamelien, das »Hyakuchin Shu«, mit mehr als hundert darin aufgeführten Kamelien-Arten herausgegeben. An den Höfen der Samurai dieser Zeit wurden zahlreiche neue Sorten gezüchtet, und ähnlich der »Tulpomanie« in Holland entwickelte sich eine regelrechte Kamelien-Mode in Japan.

Am 18. Juni 1620 heiratete Hidetadas damals 14-jährige Tochter Masako den Kaiser Gomizu-no-o, was zu einer noch engeren Verbindung zwischen dem Tokugawa-Clan und dem Kaiserhaus führte. Aus dieser Ehe ging eine Tochter namens Meisho hervor, die später Kaiserin von Japan wurde. Masako brachte, beeinflusst durch ihren Vater, die Vorliebe für Kamelien mit in den Kaiserpalast nach Kyoto und ließ dort einen Kameliengarten anlegen. Neben der kaiserlichen Blume, der Chrysantheme, wurde nun auch die Kamelie besonders verehrt und gepflegt. Unter Kaiser Gomizu-no-o erreichte die Kamelien-Mode während der Edo-Epoche ihren Höhepunkt. Aus ganz Japan brachten Züchter und Sammler seltene Kamelien in den Kaiserpalast. Nach Edo wurde nun die Kaiserstadt Kyoto immer mehr zum Zentrum der Kamelienzüchter; diese Blumen wurden besonders in den Monzeki-Tempeln kultiviert, deren Oberpriester Mitglieder der kaiserlichen Familie waren.

In einem Essay Sanryo Yamanakas, der 1652 in Kyoto erschien, wird das »Kamelien-Fieber« dieser Zeit beschrieben: »Unabhängig vom Rang und gleichgültig, ob reich oder arm, waren Menschen sehr begeistert von Kamelien. Sie besuchten sich ohne Einladung gegenseitig in ihren Gärten. Wenn sie zufällig eine seltene Kamelie in einem Garten fanden, so fragten sie seinen Besitzer: ›Können sie mir einen Steckling oder Reiser dieser Kamelie geben? Ich möchte ihn auf einen Kamelien-Baum in meinem Garten pfropfen.‹ Der Besitzer des Gartens würde ihn nicht so einfach weggeben. ›Nein: Das ist meine geheime Kamelie. Warum sollte ich sie Ihnen geben?‹ In Fällen von Kamelien mit seltenen Blütenfarben wurden sogar kleine Äste gestohlen. Daher suchten arme Menschen in den Bergen nach seltenen Kamelien. Falls sie welche mit sprießenden Knospen fanden, fragten sie sich: ‚Wann wird diese Knospe blühen und welche Farbe wird sie haben?' Im Schlaf oder wach dachten sie nur an Kamelien.«

Eine andere Geschichte aus dieser Zeit berichtet von einem Mönch, der in der Gegend von Hiroshima lebte und bettelnd von Ort zu Ort zog. Eines Tages sah er vom Ufer eines Flusses aus den Zweig einer Kamelie mit einer sehr schönen, seltenen Blüte den Fluss hinab schwimmen. Er war überwältigt und glaubte an ein Geschenk des Himmels. Mit dem Zweig eilte er nach Hause und pfropfte ihn auf eine gewöhnliche Kamelie. Ein einflussreicher Nachbar erkannte die Rarität und versuchte nun hartnäckig, diese Pflanze in seinen Besitz zu bringen. Weil der Mönch sich irgendwann nicht mehr anders zu helfen wusste, entschloss er sich eines Nachts, die Pflanze in einen Topf zu setzen und zu fliehen. Unter widrigen Umständen erreichte er den Ort Nagato, wo er schließlich glücklich und zufrieden mit seiner wunderschönen Kamelie lebte.

Shogun Hidetada hatte noch eine weitere Tochter, die Hosokawa Tadatoshi heiratete, den Herrscher über die Provinz Higo mit der gleichnamigen alten Stadt (heute: Kumamota auf Kyushu, der südlichsten der großen japanischen Inseln). Auch durch diese Ehe wurde die Kamelien-Begeisterung in Japan weiter verbreitet. Tadatoshi ließ in Higo den berühmten Garten »Suizenji« anlegen, ein Garten mit vielen Kamelien, in dem *en miniatur* die dreiundfünfzig Stationen der berühmten Straße zwischen Kyoto und Tokyo nachgebildet wurden.

Nach der alten Stadt Higo wurden später die durch

Züchtung entstandenen Higo-Kamelien benannt. Ihre Blüten entsprechen in besonderer Weise dem japanischen Schönheitsideal. Vor allem die Samurai kümmerten sich um diese Züchtung. Es ist erstaunlich, dass sich diese Kriegerelite nicht nur mit Waffentechnik und Kampfstrategien, sondern auch mit Poesie, Malerei, Literatur, Kalligraphie und auch mit Gartenkunst beschäftigte. Über alle Maßen geehrt fühlten sie sich, wenn es ihnen gelang, eine neugezüchtete schöne Kamelie dem Shogun oder Kaiser überreichen zu können. Nach dem Ende des Shogunats im Jahr 1868 sind viele dieser Künste in Vergessenheit geraten.

Es bleibt unklar, auf welchem Weg die Kamelien erstmals nach Europa gelangten. Nach einigen Quellen gelang dies portugiesischen Seefahrern im 16. Jahrhundert. In den Schriften der Japan Camellia Society wird dies Engelbert Kaempfer zugeschrieben, der 1692 Nagasaki besuchte und als deutscher Arzt im Dienst der holländischen Ostindien-Gesellschaft stand. Im selben Jahr erwähnt auch Georg Meister, ein Hofgärtner und Botaniker am Sächsisch-Kurfürstlichen Hof in Dresden, die Kamelie in seinem Reisebericht. Seit der zweiten Hälfte des 18. Jahrhunderts tauchten dann immer mehr Kamelien als Raritäten in den Gewächshäusern mehrerer Schlossgärten in England, Schweden und Deutschland auf. Auch die französische Kaiserin Joséphine sorgte dafür, dass in ihren Gärten viele Arten angepflanzt wurden (mehr dazu im folgenden Kapitel).

Später brachte der berühmte Japanforscher Franz von Siebold mehrere seltene Kamelien-Sorten mit nach Deutschland, nachdem er 1829 aus Japan ausgewiesen wurde. Er stand ebenfalls im Dienst der holländischen Ostindien-Gesellschaft, lebte mehrere Jahre in Nagasaki und verfasste das bekannte Werk »Flora Japonica«. Da das Militär eine Japan-Karte in seinem Besitz fand, musste er als vermeintlicher Spion das Land verlassen und sich von seiner japanischen Frau und seinem Kind trennen.

Nach Erscheinen des Romans »Die Kameliendame« von Alexandre Dumas d. J. in Paris 1848 wurde die Kamelie auch in Europa endgültig zu einer Mode-Pflanze. Der teilweise autobiographische, sehr erfolgreiche Roman beschreibt die tragische Liebesbeziehung eines jungen Mannes aus gutem Hause zu einer bekannten Pariser Kurtisane. Dumas verarbeitete in diesem Werk seine Beziehung zur Modistin und Kurtisane Marie Duplessis, die eine große Vorliebe für Kamelien besaß. Sie stilisierte diese Blume zu ihrem exklusiven Persönlichkeitsmerkmal und signalisierte mit der Blütenfarbe ihre Verfügbarkeit. Es ist nicht bekannt, welche Komplikationen bei ihren Liebhabern außerhalb der Blütezeit der Kamelien auftraten.

Zurück nach Japan: Außer der Kamelie verehren Japaner bis heute eine Reihe anderer Pflanzen in außergewöhnlicher Weise. Dies betrifft besonders die Kirsche, die Nationalpflanze Japans. Die Zeit der Kirschblüte ist eines der wichtigsten Ereignisse des Jahres, und der voraussichtliche Zeitpunkt, abhängig von der Region und vom Wetter, wird breit in den Medien angekündigt. Die Japaner lieben es über alle Maßen, unter einem blühenden Kirschbaum das Hanami-Fest zu feiern, bei einem Picknick mit besonderen Spezialitäten gut zu speisen und ausgiebig Sake zu trinken. Und das Singen eines Liedes unter einem blühenden Kirschbaum gilt als besonderer Glücksmoment. Oft tanzen und spielen Kinder im Schatten der Kirschbäume, und abends werden rote Laternen an die Zweige gebunden.

Die Kirschblüte symbolisiert in unterschiedlicher Weise Reinheit, Vergänglichkeit, Melancholie und Poesie. Leider wurde auch dieses Symbol während des letzten Weltkriegs von japanischen Nationalisten missbraucht und der Tod eines Kamikaze-Fliegers durch Vergleiche mit herabfallenden Kirschblüten glorifiziert.

Die folgende Erzählung aus dem 14. Jahrhundert ist typisch für die nationale Bedeutung der Kirsche in Japan. Sie beruht auf wahren Begebenheiten und berichtet vom treuen Samurai Kojima. Der Kaiser Go-Daigo geriet während eines Kampfes in die Hände seiner Gegner, die ihn entführten. Seine Samurai wussten nicht, wo sie ihn suchen sollten. Es war die Zeit der Kirschblüte, und der Samurai Kojima wusste, dass der Kaiser bestimmt nicht versäumen würde, einen besonders schön blühenden, alten Kirschbaum bei einem ihm wohlbekannten Rasthof aufzusuchen, damit sich sein Herz an ihm erfreue. Kojima versteckte eine Botschaft für den Kaiser unter einem gelösten Stück Rinde des Kirschbaums. Tatsächlich kamen die Entführer zu diesem Rasthof und erlaubten dem Kaiser eine Rast unter dem Baum, wo er die Botschaft fand. Mit Kojimas Hilfe konnte er sich schließlich aus der Gefangenschaft befreien.

Die Blume der japanischen Kaiser war und ist die

Chrysantheme, die in Japan Kiku genannt wird. Sie stammt ursprünglich aus China und erreichte Japan im 8. Jahrhundert während der Nara-Epoche. Schon während der folgenden Heian-Zeit (794–1191) entwickelte sich die Chrysantheme zur kaiserlichen Blume; man glaubte, von ihr gehe die Macht aus, das Leben ihres Besitzers zu verlängern. Dem einfachen Volk war es verboten, diese Blume zu besitzen, sie stellte ein exklusives Machtsymbol des Kaisers dar. Die Züchtung neuer Kiku-Sorten erreichte, genau wie schon die der Kamelien, während der Edo-Epoche ihren Höhepunkt.

Für Japaner symbolisiert eine schwimmende Chrysanthemenblüte Treue und Ergebenheit gegenüber dem Herrscher. Dies ist darauf zurückzuführen, dass der Kaiser Go Toba seinem im Kampf bewährten Vasallen Kusunoki Masashige als ganz besondere Auszeichnung eine Schale mit Sake überreichte, in der eine Chrysanthemenblüte schwamm. So trinkt man heute noch in Japan zum Chrysanthemenfest am 9. September jeden Jahres aus Sake-Schalen, die dekoriert sind mit Chrysanthemenblüten. Darüber hinaus sind diese Blütenblätter ein beliebtes Gemüse und dienen, vor allem in der traditionellen chinesischen Medizin, auch als Heilpflanze und Stärkungsmittel.

Es entwickelte sich in Japan eine spezielle Kunst, Töpfe mit Chrysanthemen zu bepflanzen. Besonders beliebt ist das Muster Sanbon Jitate, bei dem drei verschiedene Chrysanthemen in einer ausgewogenen Weise in einen Topf gepflanzt werden und so den Einklang von Himmel, Erde und Menschen symbolisieren.

Die japanische Kunst, Blumen zu arrangieren, geht

auf Kaiserin Suiko zurück, die im Jahr 607 ihren Gesandten Ono no Imoko nach China an den Hof der Sui-Dynastie schickte, der dort die rechte Art, Blumen als Opfergaben vor dem Altar Buddhas aufzustellen, erlernen sollte. Der Legende nach hatte zuvor Kronprinz Shotoku eine Buddha-Statue gefunden, die vom Meer an den Strand gespült worden war. Shotoku verehrte diese Statue und machte sie zu seiner Schutzgottheit, für die er einen Tempel erbaute. Nach seiner Rückkehr aus China war auch Imoko ein Anhänger dieser neuen Religion und stellte täglich in Shotokus Buddha-Tempel Blumen vor der Statue auf, so wie er es in China gelernt hatte. Neben dem Tempel befand sich ein Teich, an dem Imoko eine Klause errichtete. Dort lebte er und vertiefte sich in die Kunst des Blumenanordnens. Imoko wurde so zum Gründer der Ikenobo-Schule, die als früheste Ikebana-Schule gilt. Lange Zeit wurde die Blumenkunst Ikebana ausschließlich in strenger Bindung an den Zen-Buddhismus praktiziert.

DIE PFLANZEN

Die Kamelien gehören zur Familie der Teegewächse (Theaceae), zu der auch der Teestrauch (Camellia sinensis) gehört, von dem ausführlicher im Kapitel über die Kaiserin Cixi (im Nachfolgeband) berichtet wird. Es gibt etwa zweihundertfünfzig Arten wilde Kamelien, deren Verbreitungsgebiet sich über den Süden Japans und Chinas bis nach Südostasien und in den Westen Indiens erstreckt. Die bekanntesten in Japan natürlich vorkommenden Arten sind die Berg-Kamelie (Camellia japonica) aus dem Gebiet der südlichen Honshu-Insel,

Shikoku und Kyushu und die Schnee-Kamelie (Camellia rusticana Honda) aus dem Nordwesten von Honshu. Von den wilden Kamelien sind bis heute dank intensiver Züchtung mehr als zweitausend Kulturformen (Hybride) entstanden. Kamelien sind heute weltweit sehr beliebte Gartensträucher, die meisten Sorten gedeihen im Freiland allerdings nur in Gebieten mit milden Wintern, neuerdings sind auch einige winterharte Sorten verfügbar. Ideal wachsen sie in einem Klima mit warmen, feuchten Sommern und milden, trockenen Wintern.

Carl von Linné benannte die Kamelie 1735 nach dem mährischen Jesuitenpater Georg Joseph Kamel, der mehrere Jahre auf den Philippinen lebte und sich mit der dortigen Naturgeschichte befasste, selbst jedoch keine Berührung mit Kamelien hatte.

Die Japanische Kamelie ist ein mehrere Meter hoch werdender Strauch oder Baum mit fast schwarzer Rinde. Ihre dauerhaften Blätter sind lederartig, oval, spitz, am Rand gezähnt und an der Oberseite glänzend. Die Blütenknospen an den Astenden treiben im Sommer und öffnen sich im darauf folgenden Winter bis Frühjahr, typischerweise von Dezember bis März. Die Blüten erreichen im Durchmesser bis zu 10 cm mit den Farben rot, rosa, weiß oder bei Zuchtformen auch gesprenkelt. Wildpflanzen besitzen einfache Blüten, die an der Unterseite der Zweige sitzen, Zuchtformen meist doppelte Blüten. Neben der Camellia japonica werden für die Züchtung vieler neuer Blütenfarben und -formen auch bevorzugt die Camellia cuspidata und Camellia saluenensis verwendet. Nach der Blüte entwickelt sich eine holzige, harte Kapselfrucht mit einem Durchmesser von etwa einem Zentimeter.

Besonders erwähnenswert sind die schönen Higo-Kamelien, die nur fünf bis neun Blütenblätter mit besonders intensiven Farben und eine sehr große Zahl leuchtend gelber Staubgefäße (bis zu zweihunderfünfzig) im Zentrum der Blüte aufweisen.

Die Chrysantheme (Chrysanthemum ssp.) gehört zur Familie der Korbblütler (Asteraceae). Carl von Linné benannte sie nach den griechischen Worten »chrysos«, das Gold, und »anthos«, die Blüte, also »Goldblüte«. Die Chrysanthemen stammen ursprünglich aus China, wo sie seit mehr als dreitausend Jahren kultiviert werden. Die dominierenden Farben der Blüten sind gelb, rot, rosa und purpur. Die Blütezeit liegt im Herbst bis hin zum Winter. Durch Züchtungen ist eine beachtliche Vielfalt entstanden, von einfachen, kleinen ungefüllten Blüten bis hin zu sehr großen gefüllten Blüten oder auch spinnenförmigen Blüten mit einer Vielzahl sehr schmaler Blütenblätter. Insgesamt unterscheidet man gemäß einer international akzeptierten Definition der amerikanischen National Chrysanthemum Society zwischen dreizehn verschiedenen Blütenformen. Der Anbau von Chrysanthemen in Gewächshäusern spielt heute für den Blumenhandel eine bedeutende Rolle.

In Japan existieren dank intensiver Züchtungen mehrere Hundert Sorten Blütenkirschen – die sehr kleinen Früchte spielen für den Verzehr keine Rolle. Im Vergleich zur europäischen Vogelkirsche sind die Bäume eher klein und erreichen eine Höhe von 3 bis 8 m. Eine der beliebtesten Sorten ist Someiyoshino, eine Kreuzung

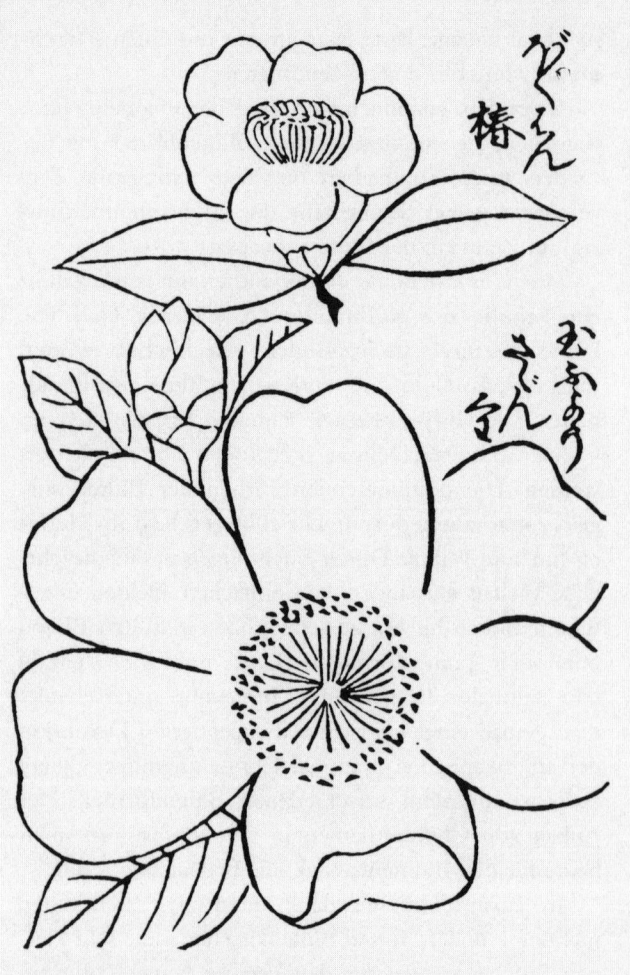

ぐゎ〲ん
椿

むふゎ〱う
さ〲ん
乀

Kamelie

zwischen Prunus pendula und Prunus lannesiana. Den Blütenreigen eröffnet schon im Vorfrühling die Higan-Kirsche (Prunus subhirtella) mit stark hängenden Zweigen. Ihr folgt dann im März die März-Kirsche (Prunus incisa), ein ausladender, schöner, bis zu 8 m hoher Baum, der vor dem Laubaustrieb blüht. Danach blüht die Yoshino-Kirsche (Prunus x yedoensis) ebenfalls mit hängenden Zweigen bei vielen Sorten, die im Gebiet von Kyoto seit mehr als achthundert Jahren kultiviert werden. Einige der vielen Kirsch-Sorten verfügen zudem über eine in Japan sehr geschätzte schöne Herbstfärbung.

QUELLEN

Schneider, Hans: Philipp Franz von Siebold, Würzburg 1984
Screech, Timon: Secret Memoirs of the Shoguns: Isaac Titsingh and Japan, London 2006, zitiert nach Wikipedia
Whitney Hall, John: Das japanische Kaiserreich, in: Weltbild Weltgeschichte, Band 20, Augsburg 1998

Bärtels, Andreas: Das große Buch der Kamelien, Stuttgart 2003
Beuchert, Marianne: Symbolik der Pflanzen, Frankfurt 1995
Chesshire, Charles: Japanische Gärten gestalten, München 2007
Ghirardi, Franco: Higo Camellia, Lucca 2000
Ishimoto, Tatsuo: Japanische Blumenkunst, München 1960
Japan Camellia Society (Hrsg.): Cultural History of Japanese Camellias Observed in Old Documents, Miyazaki 1999
Lexikon-Institut Bertelsmann (Hrsg.): Das große illustrierte Pflanzenbuch, Gütersloh 1966
Yamaguchi, Masashi: Camellia, www.homepage3.nifty.com/plantsandjapan

Dumas, Alexandre d. J.: Die Kameliendame, Berlin 2002

Chrysantheme (Chrysanthemum ssp.)

Napoleon und Joséphine
CORPORAL VIOLETTE UND DIE ROSENKAISERIN
Veilchen und Rose

Joséphine

JOSÉPHINE DE BEAUHARNAIS (1763–1814)

Marie Josephe Rose Tascher de la Pagerie (man beachte den dritten Vornamen), die Napoleon später Joséphine nannte, wurde auf einer Zuckerrohr-Plantage auf Martinique geboren. Sie wuchs als Tochter einer eher verarmten Adelsfamilie, hauptsächlich von der sehr selbstbewussten Mutter erzogen und von schwarzen Sklavinnen verwöhnt, inmitten der üppig blühenden Vegetation einer Karibikinsel auf, was sie zweifellos für den Rest ihres Lebens prägte. Im Jahr 1779 kam sie erstmals nach Frankreich und heiratete dort, arrangiert von den Eltern des Brautpaars, im Alter von sechzehn Jahren den Vicomte Alexandre de Beauharnais und bekam in schneller Folge zwei Kinder, ihren Sohn Eugène und ihre Tochter Hortense. Die Ehe verlief alles andere als glücklich. Obwohl sich ihr Mann mehrere Seitensprünge erlaubte, warf er ihr genau dies vor. Im Jahr 1785 wurde die Ehe geschieden, und neun Jahre später wurde Alexandre de Beauharnais während der Französischen Revolution hingerichtet.

In den Jahren nach der Scheidung führte Joséphine trotz der Wirren der Revolution einen luxoriösen Lebensstil und hatte eine Reihe von Liebhabern. So wurde

sie beispielsweise die Mätresse des berühmten Paul Barras, der als Mitglied des regierenden Direktoriums einer
der einflussreichsten Politiker der Republik war. Paul
Barras bedrängte Joséphine schließlich, Napoleon zu
heiraten, und die Hochzeit fand am 9. März 1796 statt.
Ein Schuft, wer sich dabei etwas denkt: Barras machte
Napoleon zum Oberbefehlshaber über die Italienarmee,
und drei Tage nach der Hochzeit reiste dieser ab nach
Italien.

1799 erwarb Joséphine mit geliehenem Geld das
Landschloss Malmaison, nahe Paris an der Seine gele-
gen. Napoleon beglich ihre enormen Schulden, und
Malmaison wurde zu ihrem Privatdomizil – neben der
offiziellen Residenz in den Tuilerien, wo ehemals die
französischen Könige residierten.

In der Kirche Notre-Dame krönte sich Napoleon
1804 zum Kaiser und Joséphine zur Kaiserin. Die Kin-
derlosigkeit der Ehe erwies sich zunehmend als Problem. Nachdem Napoleon mit der polnischen Gräfin
Walewska und danach mit einer weiteren Mätresse ein
Kind gezeugt hatte, war seine von Joséphine bezweifelte
Zeugungsfähigkeit bewiesen. Nun war ersichtlich, dass
Joséphine Napoleon keine Kinder mehr gebären würde,
und sie willigte 1810 in die Scheidung ein. In den folgenden Jahren lebte sie zurückgezogen in Malmaison.
Kurz vor ihrem Tod am 29. Mai 1814 hatte sie dort noch
den russischen Zaren Alexander I. empfangen. Ihre To-
desursache soll eine Unterkühlung gewesen sein, die sie
sich beim Spaziergang mit Alexander I. im Garten zuge-
zogen hatte.

NAPOLEON I. (1769–1821)

Der stürmische Korse hat es weit gebracht: Als Allein-
herrscher führte er in Frankreich die Monarchie wieder
ein und vollendete andererseits viele Reformideen der
Französischen Revolution. Auf militärischem Gebiet ist
er durch seine Eroberungszüge in ganz Europa als großer Feldherr und Stratege in die Geschichte eingegangen.

Als Sohn von Landadeligen wurde Napoleon 1769
in Ajaccio auf Korsika geboren. Nach dem Besuch
mehrerer Militärschulen trat er 1785 in die französische
Armee ein. Schon mit 24 Jahren gelang ihm als junger
Offizier die Rückeroberung Toulons, das abtrünnig geworden war und sich mit England verbündet hatte. Er
wurde danach zum Brigadegeneral ernannt, und es begann seine steile militärische Karriere. Nach Unterwerfung des royalistischen Aufstands in Paris 1795 wurde er
Oberbefehlshaber der Italienarmee und eroberte Ober-
italien. Sein Ägypten-Feldzug verlief militärisch erfolg-
los, dennoch gelang ihm dank seiner Popularität nach
der Rückkehr ein Staatsstreich, und er ließ sich 1802
zum Ersten Konsul auf Lebenszeit ernennen. Zwei Jahre
später krönte er sich selbst in Paris zum »Kaiser der
Franzosen«. Er führte im Inneren den Code civil ein,
der bis heute das bürgerliche Recht in Frankreich bestimmt. Außenpolitisch strebte Napoleon nach Hege-
monie über Europa und begann eine Reihe von Krie-
gen, durch die er seinen Herrschaftsbereich über große
Teile Mitteleuropas, Portugal und Spanien ausdehnte.
Den Höhepunkt stellte die Schlacht von Austerlitz dar,
in der er die österreichischen und russischen Truppen

vernichtend schlug. Doch eine entscheidende Wende trat durch seinen erfolglosen Russland-Feldzug 1812 ein. Es folgte ein Jahr später seine Niederlage in der Völkerschlacht bei Leipzig. Anfang 1814 zogen die Verbündeten in Paris ein und zwangen Napoleon zum Abdanken. Man gewährte ihm die Herrschaft über die Insel Elba, von wo er 1815 mit Hilfe seiner Anhänger nach Paris zurückkehrte. Seine »Herrschaft der Hundert Tage« endete mit der endgültigen Niederlage in der Schlacht bei Waterloo. Sechs Jahre später starb Napoleon in der Verbannung auf der britischen Insel St. Helena.

CORPORAL VIOLETTE UND DIE ROSENKAISERIN

Keine Frau vor und nach Joséphine hat jemals einen für ihre Zeit so umfassenden Rosengarten angelegt wie Joséphine de Beauharnais. Rosen waren ihre große Leidenschaft. Ihr Garten in Malmaison enthielt mit etwa zweihundertfünfzig Sorten alle zu Anfang des 19. Jahrhunderts bekannten Züchtungen.

Malmaison war für Joséphine eine Liebe auf den ersten Blick. Ihre Beziehungen zu Männern, einschließlich Napoleon, waren nicht von Nachhaltigkeit geprägt, aber die Liebe zu ihrem Garten in Malmaison war der Fixpunkt in ihrem Leben. Das Landschloss mit seinen wunderbaren Parkanlagen gefiel ihr auf Anhieb, und sie kaufte es kurzentschlossen 1799. Es wurde der private Landsitz des Ehepaars Bonaparte, offiziell wohnten Napoleon und Joséphine ja in den Tuilerien. Malmaison wurde erstmals im 6. Jahrhundert als königliche Villa eines Sohnes Chlodwigs I. erwähnt. Im Laufe der Jahrhunderte waren eine Reihe Ritter und Adlige die Besitzer. Das eigentliche Herrenhaus in der heutigen Form wurde erst Anfang des 17. Jahrhunderts gebaut. Joséphine vergrößerte Malmaison durch zahlreiche Kauf- und Tauschaktionen auf eine Gesamtfläche von nicht weniger als 726 Hektar.

Als Herrin von Malmaison stellte sie zahlreiche Gärtner ein, von denen sie einige sogar zur Ausbildung nach England schickte. Entgegen der Meinung ihrer Ratgeber, den Park streng klassisch-geometrisch à la française anzulegen, bestand sie auf einem englischen Garten, in dem die Natur sich ungehemmt entfalten sollte.

Joséphine entwickelte ein starkes Interesse an Botanik und kaufte in ganz Europa und darüber hinaus Samen und seltene Pflanzen. Sie ging dabei sogar so weit, Bäume aus den Gärten des Erzfeinds England nach Frankreich zu verpflanzen. In Erinnerung an ihr Elternhaus auf Martinique, das umgeben war von scharlachrotem Hibiskus, wilden Orchideen und vielen Tropenbäumen wie Bananen und Kokospalmen, ließ sie Gewächshäuser für wärmebedürftige Pflanzen bauen. Dabei ragte das prachtvoll gestaltete, knapp fünfzig Meter lange »Grande Serre Chaude« besonders heraus, das im Winter durch zwölf Öfen beheizt wurde. Dem eigentlichen bepflanzten Glashaus-Teil waren Salons und Wohnräume angeschlossen. Das »Grande Serre Chaude« wurde schnell zu Joséphines liebstem Aufenthaltsort, wo auch viele ihrer Empfänge stattfanden.

Mit großem finanziellem Aufwand kaufte sie dafür tropische Pflanzen wie Kakteen, Bananen, Mangos und Orangen; nach ihrem Tod zählte man 153 Orangenbäume, von denen die größten knapp vier Meter hoch waren. Aber auch aus Nordamerika bestellte sie Pflanzen. In einem Brief an den französischen Konsul in den Vereinigten Staaten schrieb sie: »Vergessen Sie nicht, dass die Zucht fremder Pflanzen mir große Freude macht.« Ihre Leistungen würdigend, bat sogar der damalige Innenminister Chaptal in einem Brief an die Professoren des Musée d'Histoire Naturelle um Unterstützung, da die Erfolge der Madame Bonaparte dem Fortschritt der Wissenschaft und dem Ruhme Frankreichs dienten. Napoleon schrieb damals an Alexander von Humboldt: »Sie beschäftigen sich mit Botanik? Auch meine Frau betreibt sie.« So entstand in Malmaison eher ein botanischer Garten als ein repräsentativer Schlosspark.

Im Jahr 1808 machte Joséphine Aimé Bonpland zum Leiter der Gärten von Malmaison, einen Botaniker, der sich als Begleiter von Alexander von Humboldt auf seinen Expeditionen durch Mittel- und Südamerika einen Namen gemacht hatte. Der deutsche Adelige Carl Theodor von Udlanski, ebenfalls ein Freund Humboldts, beschreibt seinen Besuch bei Bonpland in Malmaison: »Von allen Seiten lachen den Wanderer die schönsten Blumen an; der großdoldige wie Pomeranzenblüthe duftende Clerodendron fragans, die blendende Calla aethiopica, die palmartige Jucca gloriosda, die schöne Schirmpalme, die prächtige Fächerpalme, der großblättrige Pisabaum, der wunderbare Trompetenbaum aus Amerika …« Neben den Glashäusern haben Udlanski auch die romantisch verspielten Tempel im Park beeindruckt: »Bonpland durchirrte mit mir den ganzen Park; wir kamen zu dem Tempel der Liebe, der sich auf prächtigen Marmor-Colonnen frei erhebt. In seiner Mitte steht Amor von Blumengirlanden umwunden; vor dem Tempel erheben sich zwei bronzene Opfergefäße, in welchen Weihrauch dem alles belebenden Gott der Natur zu Ehren dampft, und ein kleiner Teich zu seinen Füßen vom Cytisus umrungen, wimmelt von lustigen Goldkarpfen, die im Angesichte des lächelnden Gottes spielen.«

Die Pflanzenpracht ergänzte Joséphine durch einige seltene Tiere, wie Gazellen, Lamas und Kängurus, die sie in Gehegen hielt. Ihr besonderer Stolz waren die schwarzen Schwäne auf ihren Teichen, die sie aus Australien einführen ließ. Napoleon soll einmal im Jagdeifer auf eines dieser raren Exemplare geschossen haben. Joséphine fuhr wutentbrannt dazwischen und riss ihm das Gewehr aus der Hand.

Nach ihrer Krönung zur Kaiserin im Jahr 1804 brach in Malmaison das Rosenfieber aus, und Joséphine erwarb sich den Titel »Rosenkaiserin«. Bei allen ihr bekannten Rosenzüchtern und Baumschulen Europas erwarb sie, ohne Kosten zu scheuen, Rosenstöcke, die in einem neuen großen Rosengarten angepflanzt wurden. Als 1809 Sir Abraham Hume eine neue Rose aus China nach England brachte, die »Rosa indica odorant« oder auch »Bengale à l'odeur de thé«, aus der später die beliebten Teerosen gezüchtet wurden, musste Joséphine diese Rose natürlich auch in Malmaison haben. Sie konnte Napoleon dazu überreden, dass trotz der kriegerischen Auseinandersetzungen zwischen England und Frankreich durch eine Sondervereinbarung ein Schiff mit den Rosen freies Geleit bekam, sozusagen ein »Rosen-Waffenstillstand«. Ihr Gärtner und Botaniker Aimé Bonpland half ihr, Rosen aus Schönbrunn und Berlin zu besorgen, obwohl man sich mit beiden Ländern im Krieg befand. Weitere Unterstützung bei der Beschaffung neuer Rosen erfuhr sie durch ihre Schwägerin Cathérine, die mit Jérôme Bonaparte, dem Bruder Napoleons, verheiratet war und als Königin von Westfalen auf Schloss Wilhelmshöhe in Kassel residierte. In Frankreich waren es besonders die berühmten Rosenzüchter Vilmorin, Parmentier, Descemet, Dupont und Cels, die ihre Kreationen nach Malmaison lieferten. Joséphine löste eine neue Mode aus, nämlich Rosengärten, und im ganzen Land entstanden neue Rosenschulen. Aber es fanden darüber hinaus noch viele neue Sorten Rhododendren, Phlox, Geranien, Hibiskus, Kamelien und Dahlien ihren Weg aus den Glashäusern und Beeten von Malmaison in die Gärten Frankreichs.

Die prachtvollen Rosen von Malmaison ließ Joséphine durch Pierre-Joseph Redouté, den berühmtesten Pflanzen-Illustrator ihrer Zeit, in seinen Werken »Jardin de Malmaison« und »Les Roses« verewigen, die erst nach Joséphines Tod in den Jahren 1817–1824 erschienen.

Als Joséphine Zar Alexander I. nach dessen Besuch auf ihrem Seine-Schloss verabschiedete, überreichte sie ihm eine Rose mit den Worten: »Un Souvenir de la Malmaison«. Leider ist nicht bekannt, um welche Sorte es sich handelte. 1843 erhielt eine noch heute im Handel befindliche, beliebte hell-rosa Bourbon-Rose den Namen »Souvenir de la Malmaison«. Einige Quellen behaupten, Joséphines Gärtner hätten diese Rose in Malmaison gezüchtet.

Kurz vor seiner Abreise ins Exil nach St. Helena besuchte Napoleon 1815, d. h. ein Jahr nach Joséphines Tod, noch einmal Malmaison. Bei dieser Gelegenheit soll er gesagt haben: »Die arme Joséphine! Ich kann mich nicht daran gewöhnen, an dieser Stelle ohne sie zu leben! Es kommt mir so vor, als sähe ich sie, wie sie aus einer Allee kommt und diese Pflanzen sammelt, die sie so sehr liebte.«

Malmaison erlebte nach dem Tod Joséphines einen Niedergang. Ihr Sohn Eugène, Vizekönig von Italien seit 1817, erbte das Schloss, doch wegen der hohen Schulden seiner Mutter musste er zunächst das Mobiliar und die Kunstgegenstände verkaufen. Nach seinem Tod 1824 wechselten die Besitzer mehrmals. Im Krieg von 1870 wurden das Schloss und die Gärten weitgehend zerstört und nie in der von Joséphine angelegten Weise wiederhergestellt. Die Mode der Landschaftsgärten im 19. Jahrhundert verdrängte die Rose ohnehin weitgehend.

In Joséphines Leben spielten prächtige Blüten von ihrer Kindheit an eine große Rolle. Ihre schwarze Amme Marion und ihr Kindermädchen Brigitte, die beide zu den Sklaven der Zuckerrohrplantage des Vaters gehörten, bekränzten und »krönten« die kleine Joséphine täglich mit einem frischen Blumenkranz. Nicht ahnend, dass sie später Kaiserin werden würde, betrachtete sie ihre »Krone« oft im Spiegelbild eines kleinen Baches.

Joséphine trat in ihrem späteren Leben politisch kaum in Erscheinung, mit einer Ausnahme: Sie setzte sich in der jungen Republik aktiv und erfolgreich für die Abschaffung der Sklaverei in den französischen Kolonien ein. Die farbigen Frauen von Martinique, zu denen sie als junges Mädchen ein intensives, freundschaftliches Verhältnis hatte, werden es ihr gedankt haben.

Einen ähnlichen Aufstieg und Niedergang wie Joséphines Rosengarten erlebte Napoleons Lieblingspflanze, das Veilchen. Als Napoleon Bonaparte 1795 das erste Mal seiner späteren Frau Joséphine de Beauharnais begegnete, warf sie ihm zum Abschied aus ihrer Kutsche einen Strauß Duftveilchen zu. Die beiden ahnten in diesem Moment noch nicht, welche Bedeutung dies für sie und für das Veilchen als Kulturpflanze in den kommenden Jahrzehnten haben sollte.

Schon während seiner Kindheit auf Korsika schwärmte Napoleon für Veilchen, bei ihrer Hochzeit trug Joséphine ein Brautkleid, das über und über bestickt war mit dieser kleinen Blume.

Napoleons Schwäche für Düfte und für Veilchen war bekannt. Seine Anhänger nannten ihn »Corporal Violette«. Selbst auf seinen Feldzügen nahm er große Mengen Parfum mit, 1810 bestellte er bei Chardin in Paris nicht weniger als einhundertfünfzig Flaschen seines bevorzugten Eau de Toilette. Später wurde Teissier sein Hof-Parfumeur. Der schuf speziell für Napoleon ein neues Eau de Cologne, denn Napoleon wollte sich natürlich auch im Duft von seinen Höflingen, die damals das in Mode gekommene »Eau Admirable« des bekannten Parfumeurs Farina benutzten, unterscheiden. Den herb-frischen Duft Teissiers verwahrte er in einem dunkelgrünen, kunstvoll geschliffenen Kristall-Flakon, dessen Schraubverschluss ein großes vergoldetes »N« zierte. Sein Kammerdiener musste ihm täglich nach dem Bad Rücken und Schultern mit diesem Eau de Cologne abreiben. Diese »Duft-Behandlung« fand auch während der Feldzüge in einem eigens mitgeführten Bade-Zelt statt, das mit einer Metall-Badewanne ausgestattet war.

An einem Stiefel Napoleons befand sich eine Außentasche für eine kleine Parfumflasche, so dass er sich auch auf dem Schlachtfeld nach all dem unangenehmen Geruch von Schweiß, Blut und Pulverdampf schnell einmal parfümieren konnte.

Andererseits schrieb er in einem seiner berühmten Briefe an Joséphine, sie möge bis zu ihrem Wiedersehen in zwei Wochen nicht baden, damit er ihren natürlichen Körpergeruch genießen könne!

Zurück zum Veilchen: Diese kleine violette Blume wurde immer mehr auch zum politischen Wahrzeichen Napoleons und Violett die Farbe der Bonapartisten. Nach Napoleons Verbannung auf Elba ließ die französische Regierung sogar Bilder von Veilchen verbieten, nachdem Postkarten kursierten, auf denen die abgebildeten Veilchensträuße geschickt eine Napoleon-Silhouette wiedergaben. Die Hysterie ging so weit, dass Bürger mit Veilchen-Beeten in ihren Gärten als Bonapartisten verdächtigt wurden. Schließlich kündigte Napoleon sein Comeback mit den Worten an »mit den Veilchen werde ich wiederkehren«. Tatsächlich kehrte er im März 1815 zurück nach Paris, wo ihm ein triumphaler Empfang bereitet wurde. Die Straßen, auf denen er in die Stadt einzog wurden mit Blumen bestreut, natürlich auch mit Veilchen. Doch da waren es nur hundert Tage bis Waterloo ...

Als Napoleon am 5. Mai 1821 auf St. Helena starb, trug er ein Amulett, das eine Locke Joséphines und getrocknete Veilchen von ihrem Grab enthielt. Ein großer Herrscher über Europa verehrte eine kleine Blume, die Demut, Bescheidenheit und Liebe symbolisiert. Oder war sie auch Ausdruck seiner besonderen Macht? Für den Propheten Mohammed trugen Veilchen Zartheit und Zähigkeit in sich und symbolisierten zugleich die Kraft und Herrschaft seiner Lehre: »Die Herrlichkeit der Veilchen ist wie die Herrlichkeit des Islam über alle Religionen.«

Die Karriere der Duftveilchen als Modeblumen nahm auch nach Napoleons Tod kein Ende. Mitte des 19. Jahrhunderts wurden in der Umgebung von Paris auf zweihundert Hektar Veilchen angepflanzt. Es folgten weitere Anbaugebiete in Südfrankreich, besonders bei Toulouse, zur Parfum-Gewinnung und zur Herstellung der Cachous, der Veilchen-Pastillen. Eines der wichtigsten Anbaugebiete entstand schließlich in Norditalien bei Udine, von wo aus man alle europäischen Metropolen mit Veilchen belieferte. Zur Spitzenzeit dieser Mode lieferte man aus Udine allein nach St. Petersburg mehr als eine Millionen Veilchen-Pflanzen pro Saison, wozu besondere Vorkehrungen für den neun Tage dauernden Bahntransport getroffen werden mussten.

Anfang des 20. Jahrhunderts machten die politischen Ereignisse, die Weltkriege, aber auch neue Pflanzenschädlinge dem Veilchen-Boom ein Ende. Doch vielleicht gibt es eine Veilchen-Renaissance: Neuerdings organisieren *Les Amis de la Violette* in Toulouse ein jährliches Veilchen-Festival. Besondere Spezialität: Crêpe mit Veilchen-Marmelade.

DIE PFLANZE

Das Duftveilchen (Viola odorata) gehört zur Familie der Veilchengewächse (Violaceae). Seine Heimat ist das Mittelmeergebiet, von wo es wahrscheinlich im 9. Jahrhundert nach Mitteleuropa gelangte. Seine typischen Standorte sind lichte Laubwälder, der Bereich von Hecken sowie Bach- und Wegränder.

Die Staude hat fein behaarte, rundlich bis eiförmige und am Grund herzförmige Blätter, die an bis zu 5 cm langen Stielen sitzen. Die Blüten haben fünf dunkelviolette Kronblätter, die am Grund weiß sind. Das vordere Kronblatt besitzt einen dicken, geraden, dunkelvioletten Sporn. Die Blüten zeichnen sich durch ihren einzigartigen intensiven Duft aus. Die gesamte Pflanze wird nicht höher als 5 bis 10 cm.

Das Duftveilchen wird oft verwechselt mit dem verwandten, ähnlichen, jedoch nicht-duftenden Hundsveilchen (Viola canina), dem Rauhen Veilchen (Viola hirta) und dem Waldveilchen (Viola silvatica). Deutlich zu unterscheiden ist hingegen das eng verwandte Wilde Stiefmütterchen (Viola tricolor).

Veilchen haben in der Volksmedizin als Mittel gegen

Veilchen

Fuchsrose

Husten, zur Beruhigung und Schlafförderung eine Rolle gespielt. Veilchensaft war ein beliebter Speisefarbstoff.

Die Rose wird im Kapitel über Kleopatra beschrieben.

QUELLEN

Cronin, Vincent: Napoleon, Hamburg/Düsseldorf 1973
Herre, Franz: Joséphine, Regensburg 2003
Uklanski, Carl Theodor von: Ansichten von Paris im Jahr 1809, Berlin 1810

Ackermann, Diane: A Natural History of the Senses, New York 1990
Beuchert, Marianne: Symbolik der Pflanzen, Frankfurt a. M. 1995
Fanin, Giulietto: The Violet in Italy, in: Proceedings of the Symposium on Heritage Roses and Violets, Passariano 1998
Kinzel, Rudolf: Parfums, Berlin 1993
Lack, Hans W.: Jardin de la Malmaison, München 2004
Newman, Cathy: Perfume, in: National Geographic 10, 1998
Scherf, Gertrud: Pflanzengeheimnisse aus alten Zeiten, München 2004
Schönthan, Gaby von: Die Rosen von Malmaison, Hamburg 1966

Bildnachweis

Seite 11: Marmorbüste, 2. Jahrhundert v. Chr., Pergamon (Istanbul)

Seite 26: Karte des Golfs von Aden (in: Clémentine Faïk-Nzuji, *Die Macht des Sakralen. Mensch, Natur und Kunst in Afrika*, Düsseldorf 1993)

Seite 27: Büste, 51–30 v. Chr. (Ausschnitt) © Sandro Vannini/ CORBIS

Seite 40 und 109: Pflanzenzeichnungen (in: Holger Lundt, *Im Garten der Nymphen*, Düsseldorf/Zürich 2006)

Seite 43: Bronzebüste, 1. Jh. n. Chr. © Roger Wood/CORBIS

Seite 51: Kupferstich von Andre Thevet, um 1500–1599 © CORBIS

Seite 60: kolorierte Zeichnung von Maria Sibylla Merian (1675–1680)

Seite 63: Christopher-Columbus-Wandteppich (Ausschnitt), Real Alcázar (Sevilla) © Julio Donoso/CORBIS

Seite 73: Bild aus einer Flugschrift des 1787 gegründeten British Abolition Committee (in: Christian Delacampagne, *Die Geschichte der Sklaverei*, Düsseldorf/Zürich 2004

Seite 79: Foto des Autors, Museum Castle of Osaka

Seite 95: Studie von Jacques-Louis David für *La Distribution des aigles,* 1808 (Chicago, The Art Institute, D. R.)

Die anderen Abbildungen stammen meist aus älteren Pflanzenbestimmungsbüchern.

Hinweis

Im Januar 2009 erscheint der zweite Teil der Pflanzenpassionen. Er enthält folgende Geschichten:

Königin Hatschepsut
Die Reise nach Punt
Weihrauch-Baum, Myrrhe-Baum, Papyrus und
Libanon-Zeder

Lucullus
Der Genießer und sein Baum
Kirschbaum

Karl der Große
Der Pfeil des Kaisers
Silberdistel, Birnbaum und Wein

Busbecq und Süleiman der Prächtige
Ein Diplomat für neue Blütezeiten in Europa
Tulpe, Flieder und Rosskastanie

Elisabeth I.
Die Königin im süßen Duft der Wiesen
Mähdesüß und Henna-Strauch

Thomas Jefferson
Der Gärtner von Monticello
Tomate und Aubergine

Kaiserin Cixi
Die Zerstörung der Palastgärten
Päonie, Schlafmohn und Teestrauch